"十四五"职业教育国家规划教材

食品类专业教材系列

食品微生物检验技术

（第三版）

主　编　姚勇芳

副主编　徐小云　蔡双福

　　　　纪坤发　李　意

科学出版社

北　京

内 容 简 介

本书系统介绍了食品微生物检验室建设与管理、食品微生物检验基础操作技术、食品微生物检验总则、食品卫生细菌学检验技术、食品卫生真菌学检验技术、食品接触面微生物检验技术、食品中常见病原微生物检验技术、发酵食品中微生物检验技术、食品流通领域商业无菌检验技术。

本书可作为职业教育食品类专业教材，也可供相关企业技术人员参考。

图书在版编目（CIP）数据

食品微生物检验技术/姚勇芳主编. —3 版. —北京：科学出版社，2022.5
（"十四五"职业教育国家规划教材·食品类专业教材系列）
ISBN 978-7-03-072080-1

Ⅰ．①食…　Ⅱ．①姚…　Ⅲ．①食品微生物-食品检验-职业教育-教材　Ⅳ．①TS207.4

中国版本图书馆 CIP 数据核字（2022）第 060782 号

责任编辑：王　彦 / 责任校对：赵丽杰
责任印制：吕春珉 / 封面设计：耕者设计工作室

科 学 出 版 社　出版
北京东黄城根北街 16 号
邮政编码：100717
http://www.sciencep.com
天津翔远印刷有限公司 印刷
科学出版社发行　各地新华书店经销

*

2011 年 3 月第一版　　2023 年 12 月第二十三次印刷
2017 年 6 月第二版　　开本：787×1092　1/16
2022 年 5 月第三版　　印张：11 1/2
字数：259 000
定价：35.00 元
（如有印装质量问题，我社负责调换〈翔远〉）
销售部电话 010-62136230　编辑部电话 010-62130750

第三版前言

随着人民生活水平的提高，食品安全问题越来越受到重视，食品微生物的检验也成为鉴定食品质量的重要依据。

食品微生物检验技术是食品卫生检验与管理的重要组成部分，通过本课程的学习，可以使学生成为既能掌握食品微生物检验技术又能按照食品安全质量管理体系进行生产管理的高技能人才。基于此，我们组织了具有丰富专业理论和实践经验的教师编写了本书。

《食品微生物检验技术》自 2011 年第一版出版以来，受到广大职业院校的好评。此次更新的标准中，对适用范围、试剂和材料、检测流程、附录等均做出了部分删增和修改，力争使食品微生物学的检验方法更加科学、合理、完善。因此，我们依据相关标准，对书中相应内容进行了更新。

食品微生物检验技术是高职高专食品类专业的一门重要职业岗位技术课，主要培养学生的食品微生物检验技术与实验室管理能力，因此，在编写过程中全书内容始终贯穿了以下指导思想：

（1）紧紧围绕"培养什么人、怎样培养人、为谁培养人"这一教育根本问题，全面落实立德树人根本任务，强化学生素养教育，明确素养目标，增设素养育人元素，将"工匠精神""守正创新""社会担当""文化自信""遵纪守法"等有机融入学生素养教育之中。

（2）注重与生物化学、微生物学等学科前后知识的衔接，避免重复，强化了食品微生物检验技术，实验室建设与管理以及食品检验标准选择能力等方面知识的传授，注重实际操作技能的培养，以满足学生职业能力拓展的需要。

（3）根据食品检验技术岗位的需要，将检验标准、检验技术和管理技术有机结合，避免了单纯讲检验技术而不讲标准与管理的弊端。内容上实现了理论与技能训练相结合，技术与检验标准相结合，检验与质量管理相结合。

（4）在编写形式上，本书突出"理论必需，应用为主"的原则，以"检验项目引导教学"为主线，以国家食品检验工职业标准为依据，确定编写结构。以食品微生物检验操作技能为明线，以微生物理论知识为暗线，将食品微生物理论知识融入各项微生物检验任务中。为方便学生举一反三，巩固知识和技能，书中在实验操作之后设计了实验结果记录表，并提炼了操作注意事项和检验原理。为方便各职业院校组织教学和学生复习与预习，书中配有数字化教学资源，以及配套省级课程资源（https://www.xueyinonline.com/detail/222364561），读者可通过手机扫描二维码获取相应信息。

全书主要内容包括：食品微生物检验室建设与管理、食品微生物检验基础操作技术、食品微生物检验总则、食品卫生细菌学检验技术、食品卫生真菌学检验技术、食品接触面微生物检验技术、食品中常见病原微生物检验技术、发酵食品中微生物检验技术、食品流通领域商业无菌检验技术。

本书由姚勇芳任主编，徐小云、蔡双福、纪坤发、李意任副主编，具体编写分工为：绪论、第九章由广东轻工职业技术学院姚勇芳编写，第一章由广东轻工职业技术学院徐小云编写,第二章由广东轻工职业技术学院宋雪果编写,第三章由中科检测技术服务(广州)股份有限公司方晓娃编写,第四章由广东环境保护工程职业学院李意编写,第五章由广东燕塘乳业股份有限公司纪坤发编写,第六章由广东省质量监督食品检验站蔡双福编写,第七章由广东轻工职业技术学院何秀婷编写,第八章由广东轻工职业技术学院吴少微编写。全书由姚勇芳统稿。

　　本书在编写过程中参考了大量同行的出版物,并由学生顶岗实习合作单位进行了细致的审稿工作,在此一并表示衷心的感谢!

　　由于食品微生物检验的不确定性因素在不断变化,食品微生物检验技术和标准也会随之不断更新,加之作者理论水平有限,书中难免有不足之处,敬请广大读者、专家和同行批评指正。

第一版前言

食品微生物检验技术是食品质量管理中必不可少的重要组成部分，是衡量食品卫生质量的重要指标之一，也是判定被检食品是否可食用的科学依据之一。通过食品微生物检验，可以判断食品加工环境及食品卫生情况，能够对食品被细菌污染的程度做出正确的评价，为各项卫生管理工作提供科学依据。

"食品微生物检验技术"课程是高职高专食品检验类专业及食品质量安全监管类专业的职业技术核心课程，也是在微生物学理论的基础上进行的一门具有独立操作和技能的必修课，主要使学生掌握微生物研究的基本技能和基本方法。

《食品微生物检验技术》是按照高等职业教育食品营养与检测专业的培养目标、食品检验工岗位能力要求，以及食品微生物检验技术课程标准，并结合编者多年来从事食品微生物检验方面的教学和实践的经验编写而成的。本书以岗位技能知识为主，适度够用的原理与概念为辅，突出以"理论必需，应用为主"为原则，以"检验目标引导教学"为主线，以国家食品检验工职业标准为依据形成编写大纲；以食品微生物检验操作技能为明线，以微生物学理论知识为暗线，将食品微生物学的理论知识融入微生物检验的各项操作任务之中。

本书在编写过程中参考了大量同行的出版物，并由广州微生物检测中心主任杨冠东进行了细致的审稿工作，在此一并表示衷心的感谢！

由于食品微生物检验标准的不断更新，微生物检验的新技术也在不断地涌现，加上作者编写水平有限，书中难免有不足之处，敬请广大读者、专家和同行批评指正。

目 录

绪　　论

☞ **知识目标** 了解食品安全与微生物之间的关系，理解食品微生物检验的意义。

☞ **能力目标** 了解食品微生物检验的内容，以及食品微生物检验的新技术。

☞ **职业素养** 树立全面质量管理意识，培养严谨的工作作风。

一、微生物与食品安全

近年来，全球范围内重大食品安全事件在不断发生，其中病原微生物引起的食源性疾病是影响食品安全的主要因素之一，如沙门氏菌、副溶血性弧菌、大肠埃希菌O157：H7、志贺菌、单核细胞增生李斯特菌、空肠弯曲杆菌等。此外，一些有害微生物产生的生物性毒素，如黄曲霉素、赭曲霉素等真菌素和肠毒素等细菌毒素，已成为食品有害物质污染和中毒的主要因素。由于微生物具有较强的生态适应性，因此在食品原料的加工、包装、运输、销售、保存及食用等每一个环节都可能被微生物污染。同时，微生物具有易变异性，未来还会不断出现新的病原微生物威胁着食品安全和人类健康。

（一）细菌性污染

细菌性污染是涉及面最广、影响最大、问题最多的一类食品污染，其引起的食物中毒是所有食物中毒中最普遍、最具爆发性的。细菌性食物中毒全年皆可发生，具有易发性和普遍性等特点，对人类健康有较大的威胁。细菌性食物中毒可分为感染型和毒素型。感染型如沙门氏菌属、变形杆菌属引起的食物中毒。毒素型又可分为体外毒素型和体内毒素型两种。体外毒素型是指病原菌在食品内大量繁殖并产生毒素而造成的食物中毒，如葡萄球菌肠毒素中毒、肉毒梭菌毒素中毒。体内毒素型是指病原体随食品进入人体肠道内产生毒素所引起的中毒，如产气荚膜梭状芽孢杆菌食物中毒、肠产毒性大肠埃希菌食物中毒等。通常也有感染型和毒素型混合中毒的情况发生。近年来，变形菌属、李斯特菌、大肠菌科、弧菌属引起的食品污染呈上升趋势。

（二）真菌性污染

真菌在发酵食品行业应用非常广泛，但许多真菌也可以产生真菌毒素，从而引起食品污染。尤其是20世纪60年代发现强致癌的黄曲霉素以来，真菌与真菌毒素对食品的污染日益引起人们的重视。真菌毒素不仅具有较强的急性毒性和慢性毒性，而且具有致癌、致畸、致突变性，如黄曲霉、寄生曲霉产生的黄曲霉素，麦角菌产生的麦角碱，杂色曲霉、构巢曲霉产生的杂色曲霉素等。真菌毒素的毒性可以分为神经毒、肝脏毒、肾脏毒、细胞毒等。例如，黄曲霉素具有强烈的肝脏毒，可以引起肝癌。真菌性食品污染一是来源于作物种植过程中的真菌病，如小麦、玉米等禾本科作物的麦角病、赤霉病，都可以引起毒素在粮食中的累积；另一来源是粮食、油料及其相关制品在保藏和储存过程中发生的霉变，如甘薯被茄病腐皮镰刀菌或甘薯长喙壳菌感染产生的甘薯酮、甘薯醇、甘薯宁毒素，甘蔗保存不当也可被甘蔗节菱孢霉侵染而霉变。常见的产毒真菌有曲霉、青霉、镰刀菌、交链孢霉等。由于真菌生长繁殖及产生毒素需要一定的温度和湿度，真菌性食物中毒往往有比较明显的季节性和地区性特点。在中国，北方地区黄曲霉 B_1 污染较轻，而长江沿岸和以南地区黄曲霉素 B_1 污染就较重。调查显示，肝癌等癌症的发病率与当地粮食霉变现象呈正相关性。

（三）病毒性污染

与细菌、真菌不同，病毒的繁殖离不开宿主，所以病毒往往先污染动物性食品，然后通过宿主、食物等媒介进一步传播。带有病毒的水产品和患病动物的乳、肉制品一般是病毒性食物中毒的起源。与细菌、真菌引起的病变相比，病毒性疾病大多难以有效治疗，更容易爆发、流行。常见食源性病毒主要有甲型肝炎病毒、戊型肝炎病毒、轮状病毒、诺如病毒、朊病毒、禽流感病毒等，这些病毒曾经或仍在肆虐，造成许多重大的疾病事件。

二、食品微生物的污染途径

（一）内源性污染

凡是作为食品原料的动植物体，在生长过程中由于本身带有的微生物而造成食品的污染称为内源性污染，也称第一次污染。例如，畜禽在生活期间，其消化道、上呼吸道和体表总是存在一定类群和数量的微生物；受到沙门氏菌、炭疽杆菌等病原微生物感染的畜禽的某些器官和组织内也会有病原微生物的存在。

（二）外源性污染

食品在生产加工、运输、储藏、销售和食用过程中，通过水、空气、人、动物、机械设备及用具等使食品发生的微生物污染称为外源性污染，也称第二次污染。

1. 通过水的污染

食品生产加工过程中，水既是许多食品原料或配料的成分，也是其清洗、冷却、冰冻不可缺少的物质。设备、环境及工具的清洗也需要大量用水。各种天然水源（地表水和地下水）不仅是微生物的污染源，也是微生物污染食品的主要介质。自来水是将天然水净化消毒后供饮用的水，正常情况下含菌较少，但若自来水管道出现漏洞、管道中压力不足或暂时变成负压等情况发生时，则会引起管道周围环境中的微生物渗入管道，从而造成水中微生物数量的增加。食品生产所用的水如果被生活污水、医院污水或厕所粪便污染，也会使其中的微生物数量骤增，其中不仅可能含有细菌、病毒、真菌、钩端螺旋体，还可能含有寄生虫。用这种水进行食品生产会造成严重的生物污染，甚至可能导致其他有毒物质的污染。所以水的卫生质量与食品安全密切相关，食品生产用水必须符合饮用水标准。

2. 通过空气的污染

空气中的微生物可能来自土壤、水、人及动植物的脱落物和呼吸道、消化道的排泄物。人体的痰沫、鼻涕与唾液的小水滴中含有的微生物中也包含病原微生物，它们可随着灰尘、水滴的飞扬或沉降而污染食品。人在讲话或打喷嚏时，距人体 15m 内是直接污染区，因此食品不宜直接暴露在空气中。

3. 通过人及动物接触的污染

如果食品从业人员的身体、衣帽不经常清洗，不保持清洁，就会有大量的微生物附着其上，从而通过皮肤、毛发、衣帽等与食品接触而造成污染。食品在加工、运输、储藏及销售过程中，如果被鼠、蝇、蟑螂等直接或间接接触，同样会造成食品的微生物污染。试验证明，每只苍蝇带有数百万个细菌，80%的苍蝇肠道中带有痢疾杆菌；鼠类粪便中带有沙门氏菌、钩端螺旋体等病原微生物。

4. 通过加工设备及包装材料的污染

食品生产加工、运输、储藏过程中所用的各种机械设备及包装材料，在未经消毒或灭菌前，会带有不同数量的微生物从而污染食品。食品接触不经消毒灭菌的设备越多，造成微生物污染的概率也越大。已经消毒灭菌的食品，如果使用的包装材料未经灭菌处理，还会造成食品的二次污染。

三、食品微生物检验的内容

食品微生物检验是食品质量监测的重要组成部分。

食品的微生物污染情况是食品卫生质量的重要指标之一。通过微生物检验，可以判断食品的卫生质量（微生物标准）及是否可食用，从而判断食品的加工环境和食品原料及其在加工过程中被微生物污染的情况，为食品环境卫生管理和食品生产管理及对某些传染病的防治提供科学依据，以防止人类因食物而发生微生物中毒或感染，从而保障人类健康。

食品微生物检验就是应用微生物学及其相关学科的理论与方法，研究外界环境和食品中微生物的种类、数量、性质、活动规律及其对人体健康的影响。具体来说，食品微生物检验包括以下两个方面。

（一）食品微生物检验的范围

（1）生产环境的检验，包括车间用水、空气、地面、墙壁等的微生物学检验。

（2）原辅料的检验，包括主料、辅料、添加剂等一切原辅料的微生物学检验。

（3）食品加工、储藏、销售环节的检验，包括生产工人的卫生状况、加工工具、生产环境、运输车辆、包装材料等的微生物学检验。

（4）食品的检验，主要是对出厂食品、可疑食品及食物中毒的检验，这是食品微生物检验的重点范围。

（二）食品微生物检验的指标

（1）菌落总数。菌落总数是反映食品的新鲜度、被细菌污染的程度及在加工过程中细菌繁殖情况的一项指标，是判断食品卫生质量的重要依据之一。

（2）大肠菌群。这类细菌寄居于人及温血动物肠道内。因此，大肠菌群数可反映食品受粪便污染的情况，是评价食品卫生质量的重要依据之一。

（3）致病菌。致病菌种类多，特性不一，对食品进行致病菌检验时不可能对各种致病菌都进行检验，而应根据不同的食品或不同场合选检某一种或某几种致病菌。例如，罐头食品常选检肉毒梭状芽孢杆菌，蛋及蛋制品选检沙门氏菌、金黄色葡萄球菌等。当某种病流行时，则有必要选检引起该病的病原菌。

此外，目前肝炎病毒、口蹄疫病毒、猪瘟病毒等与人类健康有直接关系的病毒类微生物在一定场合也是食品微生物检验的重要指标。

四、食品微生物检验新技术

随着现代科学技术的不断发展，特别是免疫学、生物化学、分子生物学的不断发展，新的细菌诊断技术和方法已广泛用于食品微生物的鉴别。传统的细菌分离、培养及生化反应，已远远不能满足对各种病原微生物的诊断以及流行病学研究的需求。近年来国内外学者不断努力，已创建不少快速、简便、特异、敏感、低耗且适用的细菌学诊断方法，尤其是核酸探针（nucleic acid probe）和聚合酶链反应（polymerase chain reaction，PCR）技术的发展和应用，明显提高了细菌的诊断水平。

（一）快速酶促反应及细菌代谢产物的检验

快速酶促反应是根据细菌在其生长繁殖过程中可合成和释放某些特异性的酶，按酶的特性选用相应的底物和指示剂，将它们配制在相应的培养基中，根据细菌反应后出现的明显的颜色变化，以确定待分离的可疑菌株，反应的测定结果有助于细菌的快速诊断。这种技术将传统的细菌分离与生化反应有机地结合起来，使检测结果更加直观，因此其也正成为今后微生物检验发展的一个主要方向。

将一定量的羟基吲哚-β-D-葡糖苷酸（IBDG）加入麦康凯琼脂培养基中制成MAC-IBDG 平板，35℃培养 18h，出现深蓝色菌落者即为大肠埃希菌阳性菌株。由于其色彩独特，且靛蓝不易扩散，因而易与乳糖发酵菌株区别。

（二）免疫学方法检验细菌抗原或抗体的技术

将免疫学的各种方法应用在细菌诊断中日益受到人们的关注，从而简化了病原微生物的鉴定过程。

1. 抗血清凝集技术

早在 1933 年，Lancefield（兰斯菲尔德）就成功地用多价血清对链球菌进行了血清分型。随着抗体制备技术的进一步完善，尤其是单克隆抗体的制备，明显提高了细菌凝集实验的特异性。抗血清凝集技术目前广泛用于细菌的分型和鉴定，如沙门氏菌、霍乱弧菌等。

2. 乳胶凝集实验

乳胶凝集实验是将特异性的抗体包被在乳胶颗粒上，通过抗体与相应的细菌抗原结合，产生肉眼可见的凝集反应。通常此法需获得细菌纯培养物，再将培养物与致敏乳胶反应，目前已用于鉴定大肠埃希菌 O157：H7。

3. 荧光抗体检验技术

用于快速检验细菌的荧光抗体检验技术主要有直接法和间接法。直接法是在检验样品上直接滴加已知特异性荧光标记的抗血清，经洗涤后在荧光显微镜下观察结果。间接法是在检样上滴加已知的细菌特异性抗体，待作用后经洗涤，再加入荧光标记的第二抗体。将抗沙门氏菌荧光抗体用于 750 份食品样品的检验，结果表明与常规培养法检出率基本一致。

4. 协同凝集实验

葡萄球菌 A 蛋白（SPA）具有与人及各种哺乳动物 IgG 的 Fc 段结合的能力，而不影响抗体 Fab 段的活性。近年来，国内外学者采用抗体致敏的 SPA 来检验细菌，即协同凝集实验（COA）。例如，Rahman（拉赫曼）等用协同凝集实验鉴定霍乱弧菌 O1 群的初代分离物的快速筛选，比常规法节省时间。用常规法和协同凝集实验法对 204 份材料进行筛选，结果表明协同凝集实验具有较高的特异性和敏感性。

5. 酶联免疫检验技术

酶联免疫检验技术的应用，大大提高了检验的敏感性和特异性，现已广泛应用在病原微生物的检验上。应用酶联免疫检验技术制造的 mini-Vidas 全自动免疫分析仪，利用荧光分析技术通过固相吸附器，用已知抗体来捕捉目标生物体，然后以带荧光的酶联抗体再次结合，经充分冲洗及激发光源检测，即能自动读出发光的阳性标本。其优点是检验灵敏度高、速度快，可以在 48h 内快速鉴定沙门氏菌、大肠埃希菌 O157：H7、单核细胞增生李斯特菌、空肠弯曲杆菌和葡萄球菌等。

（三）分子生物学技术在检验食源性病原微生物中的应用

随着分子生物学和分子化学的飞速发展，对病原微生物的鉴定已不再局限于对它的外部形态结构及生理特性等一般检验上，而是从分子生物学水平上研究生物大分子，特别是核酸结构及其组成部分。在此基础上建立的众多检测技术中，核酸探针和聚合酶链反应以其灵敏、特异、简便、快速的特点成为世人瞩目的生物技术革命的新产物，业已逐步应用于食源性病原菌的检测。

1. 核酸探针杂交技术的原理

将已知核苷酸序列的 DNA 片段用同位素或其他方法标记，加入已变性的被检 DNA 样品中，在一定条件下即可与该样品中有同源序列的 DNA 区段形成杂交双链，从而达到鉴定样品中 DNA 的目的，这种用放射性同位素、酶、荧光素或化学发光分子标记的能与待检测核酸分子依碱基配对原则而结合的核酸片段，称为核酸探针。

根据完成杂交反应所处介质的不同，分为固相杂交反应和液相杂交反应。固相杂交反应是在固相支持物上完成的杂交反应，如常见的印迹法和菌落杂交法。固相杂交反应即事先破碎细胞使之释放 DNA/RNA，然后把裂解获得的 DNA/RNA 固定在硝基纤维素薄膜上，再加标记探针杂交，依颜色变化确定结果。该法是最原始的核酸探针杂交法，容易产生非特异性背景干扰。

液相杂交反应是指杂交反应在液相中完成，不需固相支持。其优点是杂交速度比固相杂交反应速度快 10 倍；缺点是为消除背景干扰，必须除去反应体系中的干扰剂。

分离杂交 DNA 探针的方法有 2 种。一种是用羟磷灰石，它仅能与双链 DNA 结合，单链 DNA 在和羟磷灰石结合前必须先同一个探针或互补单链杂交成双链 DNA。当溶液中 DNA 通过羟磷灰石柱子时，只有双链 DNA 能被吸附，然后再把吸附在柱子上的 DNA 洗脱下来，最后用激活的标记物检测。另一种分离方法是运用磁球技术把探针与小磁球连接，再在多核苷酸尾部连接第二探针，这样不用离心就能分离杂交 DNA 与未杂交 DNA。短寡核苷酸能和磁球连接，也能从磁球上洗脱，在以 mRNA 系统进行靶循环的检验过程中，该方法能将背景干扰降低 2~3 个数量级，从而达到较高的灵敏度。

2. PCR 技术的原理

为提高 DNA 探针的敏感性，可先将靶 DNA 序列扩增，以增加 DNA 数量，使其达到足够的检验量，若反应以动力学为基础，则能进行定量分析。1983 年 Millus（米卢斯）和 Cetus（塞图斯）发明了最基本的扩增 DNA 或增加样品中特殊核苷酸片段数量的方法——聚合酶链反应（PCR）法。PCR 扩增 DNA 通常由 20~40 个 PCR 循环组成。每个循环由高温变性、低温退火、适温延伸 3 个步骤组成。①高温时，DNA 变性，氢键打开，双链变成单链，作为扩增模板；②低温时，对引物（即左端引物和右端引物）分别与模板 DNA 的两条单链特异性互补结合，即退火；③达到适温时，在 DNA 聚合酶介导下，将 4 种三磷酸脱氧核苷（dATP、dTTP、dCTP、dGTP）按碱基互补配对原则不断添加到引物末端，按 5′→3′方向将引物延伸自动合成新的 DNA 链，可使 DNA 重新变成双链。将合成的 DNA 双链不断重复以上的变性、退火、延伸的过程，则左、右引物间这段 DNA 的量就可以指数级增加，溶液中核苷酸通过酶聚合成相互配对的 DNA 片段，能重新裂解成单链 DNA，成为下次 PCR 复制的模板。因此每次循环后，特异性 DNA 将以双倍量增加。典型扩增经过 40 次循环就能产生 100 万倍的扩增。在 PCR 反应中引入 *Taq* 聚合酶，能使反应得以半自动化，可简化反应程序。用扩增 DNA 进行的 PCR 反应具有无与伦比的优越性，为快速、准确地检验食品中污染的病原微生物带来曙光。

PCR 法也存在缺点，主要是系统容易受外源 DNA 的污染，并随样品中待检 DNA

一起扩增，特别是 1990 年 Bottger（博特格尔）发现某些 *Taq* 聚合酶会被外源性 DNA 污染。另外，实验中需要一定的特殊设备及熟练的操作技术，尚不能完全自动化，需要人工制备待检样品。

（四）病原微生物的自动化分析系统

近年来，随着计算机技术的不断发展，对病原微生物的鉴定技术朝着微量化、系列化、自动化的方向发展，从而开辟了微生物检验与鉴定的新领域。其中最具有代表性的是 VITEK 微生物自动分析系统（VITEK-Auto Microbic System，VITEK-AMS）。

VITEK-AMS 属于自动化程度较高的仪器。它由 7 个部件组成，采用一系列小的多孔的聚苯乙烯卡片进行测试。卡片中含有干燥的抗菌药物和生化基质，可应用于不同的实验。

操作时，先制备一定浓度的欲鉴定菌株的菌悬液，然后将菌悬液接种到各种细菌的卡片上，将其放入具有读数功能的孵箱内。每隔一定时间，仪器会自动检验培养基的发酵情况，并换算成能被计算机所接受的生物编码。最后由计算机判定，打印出鉴定结果。

该套系统检验卡片有 14 种，每一种检验卡片含有 25 种以上的生化反应指标，基本等同于常规的检验鉴定。

 思考与拓展

食品微生物检验的意义是什么？

第一章　食品微生物检验室建设与管理

第一节　食品微生物检验室基本设计

☞ **知识目标**　理解微生物检验室建设与产品卫生标准的关系。
☞ **能力目标**　掌握不同食品企业微生物检验室的布局。
☞ **职业素养**　养成爱护仪器的好习惯，以及诚实守信的品德。

一、选址与应具备的条件

（1）检验室应建设在远离粉尘、噪声、异味气体且电源电压相对稳定的地点。根据企业规模和产品种类，应建设不同要求的检验室。

（2）室内应具备足够的照明条件。

（3）室内必须配置干粉或二氧化碳灭火器，以备电器或化学品燃烧时灭火使用。

（4）所有电器插座均应有牢固的地线装置，以防止设备带电，造成操作人员触电事故。有条件的还应在地面铺设绝缘胶板。

二、食品微生物检验室的功能区

食品微生物检验室的功能区主要包括准备室、灭菌室、更衣室、缓冲室、无菌室、培养室、鉴定室等，如图 1-1 所示。

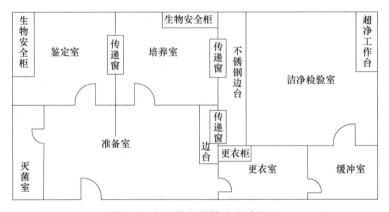

图 1-1　食品微生物检验室功能区

1. 准备室

准备室用于配制培养基和样品处理等。室内设有试剂柜、存放器具或材料的实验台、电炉、专柜、冰箱和上下水道、电源等。

2. 灭菌室

灭菌室是培养基及有关的检验材料灭菌的场所。灭菌设备是高压设备,具有一定的危险性。灭菌设备使用时应由专人操作,但也要方便工作。通常灭菌室设在通用实验室附近并与之保持一定距离(如隔一条走廊或小房间),以保证安全。灭菌室内安装有灭菌锅等灭菌设备。有条件的工厂可以配置更好的仪器设备,如双扇高压灭菌柜和安全门等设施。另外,灭菌室里应水电齐备并有防火设施,人员要遵守安全操作制度。

3. 更衣室

更衣室是进行微生物检验时工作人员进入无菌室之前更衣、洗手的地方。室内设置无菌室及缓冲室的电源控制开关,放置无菌操作时穿的工作服、鞋、帽子、口罩等。有时还设有装有鼓风机的小型房间,其作用是减少工作人员带入的杂菌,但其成本也很高。

4. 缓冲室

缓冲室是进入无菌室之前要经过的房间,安装有鼓风机,以减少操作人员进入无菌室时造成的污染,保证实验结果的准确性。进口和出口通常是呈对角线位置,以减少空气直接对流造成的污染。要求比较高的微生物检验项目如致病菌的检验,应设有多个缓冲室。

5. 培养室

培养室是培养微生物的房间,通常要配备恒温培养箱、恒温水浴锅及振荡培养箱等设备,或整个房间安装保温、控温设备。房间要保持清洁,防尘、隔噪声。出于实际工作情况考虑,灭菌室与准备室可以合并在一起使用。有条件的工厂还可以设置样品室和仪器室。总的来说,微生物检验室的建设要合理和实用,且讲究科学性。

6. 无菌室

无菌室是在微生物检验室内专辟的房间,一般分为洁净检验室(如图 1-2 所示,可进行食品卫生细菌学检验等)和生物安全检验室(可进行食源性疾病分离和鉴定实验等)。无菌室建造材料应防火、隔音、隔热、耐腐蚀、耐水蒸气渗透、易清洁,彻底解决普通无菌室用瓷砖涂以乳胶漆、涂料等作墙面易生霉、积尘、剥落、不易清洁等问题。无菌室的地面常用环氧树脂自流平、耐腐蚀、耐磨、易清洁。无菌室面积不宜过大,4～5m^{2}即可,高 2.5m 左右。

图 1-2　洁净检验室

无菌室外要设一个缓冲室,缓冲室的门和无菌室的门不要朝向同一方向,以免气流带进杂菌。无菌室和缓冲室都必须密闭。室内换气设备必须有空气过滤装置。无菌室内的地面、墙壁必须平整，不易藏污纳垢，便于清洗。无菌室和缓冲室都装有紫外线灯。整个无菌室采用先进的层流净化系统，能保证无菌室恒温、恒湿及新风量和洁净度的要求。该系统通过不同孔径的过滤膜，对空气中不同粒径的尘埃粒子进行过滤，从而使附着在尘埃粒子上的微生物（包括细菌、霉菌等）不能污染无菌室；采用从顶部送风、下侧回风的气流组织方式，既能保证洁净度，又能节约能源。洁净检验室通常应配备工作台和超净工作台；生物安全检验室（BSL-2）应配备生物安全柜。

7. 鉴定室

鉴定室是进行微生物种属鉴定的区域，主要配备生物安全柜、显微镜（或显微图像分析系统）、细菌鉴定系统、离心机、冰箱、移液器、恒温水浴锅、移动式紫外线灯等。

三、检验室主要仪器设备

微生物检验常用的仪器设备有显微镜、电冰箱、培养箱、水浴锅、均质器、电子天平、电炉、分光光度计、灭菌锅、超净工作台、紫外线灯等。仪器设备可根据工厂实际情况和检验项目进行选择和配置。

四、食品微生物检验室布局要求

小型食品企业实验室布局如图 1-3 所示。

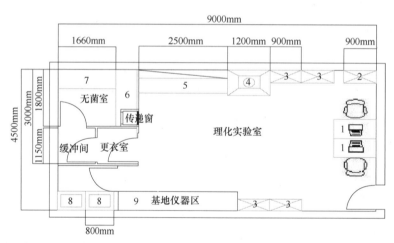

1—办公台；2—文件柜；3—样品柜；4—通风橱；5—实验边台；6、7—无菌台；8—天平台；9—在基地仪器区再加个高温仪器区，放高压灭菌锅、干燥箱、水浴锅、电热板等。

图 1-3　小型食品企业实验室布局

1. 整体布局原则

（1）确定产品检验的标准。
（2）确定产品出厂检验的微生物项目。
（3）依据项目确定检验方法，确定所需的仪器设备。

2. 环境要求

（1）检验室工作区域应与办公室区域明显分开。

（2）检验室工作面积和总体布局应能满足检验工作的需要。检验室布局应采用单方向工作流程，避免交叉污染。

（3）检验室内环境的温度、湿度、光照强度、噪声和洁净度等应符合工作要求。

（4）洁净区域应有明显的标识。

3. 仪器的布局要求

（1）动仪器与静仪器分开。精密仪器（如光度计、天平、比色计、酸度计、色谱仪等）必须与振动仪器（如振荡器、验粉筛、离心机、搅拌器等）分开。

（2）常温与热源设备分开。热源仪器（如电热蒸馏水器、恒温干燥箱、高温电阻炉、恒温培养箱、水浴锅、电炉等）必须与其他一切设备分开，否则会影响其他设备的正常使用，严重的会造成热蒸汽腐蚀其他设备，影响其使用寿命。

（3）化学分析台与热源设备分开。化学分析台面上应尽量少放易燃和腐蚀性试剂。化学分析台应远离热源设备。

 思考与拓展

1. 思考

食品微生物检验室的选址和布局要求是什么？

2. 拓展

独立完成糕点厂微生物检验室的规划与建设。

第二节 食品微生物检验室使用与管理

> ☞ **知识目标** 熟悉人员管理制度；熟悉有毒有害品的管理制度。
> ☞ **能力目标** 掌握人员进入无菌室操作流程；掌握有毒有害品控制方法。
> ☞ **职业素养** 养成规范操作习惯，培养敬业精神和责任意识。

一、无菌室的使用

无菌室使用前，净化系统要运转至少 1h，同时必须打开无菌室的紫外线灯和超净工作台紫外线杀菌 30min 以上，关闭紫外线电源 30min 后，开启超净工作台送风机。物品必须在第一缓冲间内对外部表面用消毒剂消毒灭菌，再经物流缓冲间、传递窗 1h 及无菌空气吹干后送入无菌室。人员清洁手后进入第一缓冲间更衣，同时换上消毒隔离拖鞋，脱去外衣，换上无菌连衣帽，戴上无菌口罩，经风淋室 30s 风淋后进入无菌室。操作完毕，应及时清理无菌室，再用紫外线灯辐照灭菌 20min。

无菌室使用的注意事项如下：

（1）无菌室应设有无菌操作间和缓冲室，无菌操作间洁净度应达到 10 000 级，室内温度保持在 20～24℃，相对湿度保持在 45%～60%。超净台洁净度应达到 100 级。

（2）无菌室应保持清洁，严禁堆放杂物，以防污染。

（3）严防一切灭菌器材和培养基污染，已污染者应停止使用。

（4）无菌室应备有工作浓度的消毒液，如 5%苯酚、70%的乙醇、0.1%的新洁尔灭溶液等，应定期用适宜的消毒液灭菌清洁，以保证无菌室的洁净度符合要求。

根据无菌室的净化情况和空气中含有的杂菌种类，可采用不同的化学消毒剂。如果霉菌较多，先用 5%苯酚喷洒室内，再用甲醛熏蒸；如果细菌较多，可采用甲醛与乳酸交替熏蒸。一般情况下，也可酌情间隔一定时间用甲醛溶液 2mL/m^3 或丙二醇溶液按 20mL/m^3 熏蒸消毒。

加热熏蒸：按熏蒸空间计算甲醛溶液，盛于小铁筒内，用铁架支好，在酒精灯内注入适量乙醇。将室内各种物品准备妥当后，点燃乙醇，关闭门窗，任甲醛溶液煮沸挥发。酒精灯内乙醇最好能在甲醛溶液蒸发完后自行熄灭。

氧化熏蒸：准备一个瓷碗或玻璃容器，倒入一定量的高锰酸钾溶液（甲醛溶液用量的 1/2），另外量取定量的甲醛溶液。室内准备妥当后，把甲醛溶液倒在盛有高锰酸钾的容器内，立即关闭无菌室门。几秒钟后，甲醛溶液即沸腾而挥发。高锰酸钾是一种强氧化剂，当它与一部分甲醛溶液作用时，由氧化作用产生的热可使其余的甲醛溶液挥发为气体。熏蒸后关门密闭应保持 12h 以上。

（5）需要带入无菌室使用的仪器、平皿等一切物品，均应包扎严密，并应经过灭菌。

（6）正确使用维护紫外线灯管：①消毒有效区为紫外线灯管周围 1.5～2m；②灯管至屋顶距离不宜大于 1.5m，距地面不宜大于 2.5m，距离被消毒物 1m 左右；③开关设置要离地 2m 以上，定时开关，在盒盖上要贴上醒目的警告标志；④紫外线灯每次消毒的时间应为 30～60min；⑤一般每 2 周用酒精棉球擦拭一次；⑥每支紫外线灯灯管累计时间为 1 000h，超过 1 000h 的，应及时更换新的。

（7）供试品在检查前，应保持外包装完整，以防污染。检查前，用棉球蘸 70%的酒精擦拭外表面。

（8）每次操作过程中，均应做阴性对照，以检查无菌操作的可靠性。

（9）无菌室应每月检查菌落数。在超净工作台开启的状态下，取内径 90mm 的无菌培养皿若干，无菌操作分别注入熔化并冷却至约 45℃的营养琼脂培养基约 15mL，放至凝固后，倒置于 30～35℃培养箱培养 48h。证明无菌后，取平板 3～5 个，分别放置在工作位置的左侧、中间、右侧等处，开盖暴露 30min 后，倒置于 30～35℃培养箱培养 48h，取出检查。100 级洁净区平板杂菌数平均不得超过 1 个菌落，10 000 级洁净室平均不得超过 3 个菌落。如超过限度，应对无菌室进行彻底消毒，直至重复检查合乎要求为止。

二、检验室人员的管理

（1）非必要的物品不要带进检验室，必须带进的物品（包括帽子、围巾等）应放在不影响检验操作的地方。

（2）每次检验前须用湿布擦净台面，必要时可用 0.1%的新洁尔灭溶液擦台面。检验前要洗手，以减少染菌的概率。

（3）操作时要预防空气对流。在进行微生物实验操作时，要关闭门窗，以防空气对流。接种时尽量不要走动和讲话，以免因尘埃飞扬和唾沫四溅而导致杂菌污染。

（4）含菌器具要消毒后清洗。凡用过的带菌移液管、滴管或涂布棒等，在检验后应立即投入 5%苯酚或其他消毒液中浸泡 20min，然后再取出清洗，以免污染环境。

（5）含培养物的器皿要杀菌后清洗。在清洗带菌的培养皿、锥形瓶或试管等之前，应先煮沸 10min 或进行加压蒸汽灭菌。

（6）要穿干净的白色工作服。检验人员在进行检验操作时应穿上白色工作服，离开时脱去，并经常洗涤以保持清洁。

（7）凡须进行培养的材料，都应注明菌名、接种日期及操作者姓名（或组别），放在指定的温箱中进行培养，按时观察并如实地记录检验结果，按时交检验报告。

（8）检验室内严禁吸烟，不准吃东西，切忌用舌舔标签、笔尖或手指等，以免感染。

（9）节约药品、器材和水、电、煤气。

（10）各种仪器应按要求操作，用毕按原样放置妥当。

（11）检验完毕，立即关闭煤气，整理和擦净台面，离开检验室之前要用肥皂洗手。值日生负责打扫检验室及进行安全检查（门窗、水、电及煤气等）。

（12）冷静处理意外事故。

① 如因打碎玻璃器皿而把菌液洒到桌面或地上，应立即以 5%苯酚液或 0.1%新洁尔灭溶液覆盖，30min 后擦净。若遇皮肤破伤，可先去除玻璃碎片，再用蒸馏水洗净后，涂上碘酒或红汞。若受伤严重应立即去医院就诊。

② 如果菌液污染手部皮肤，可先用 70%酒精棉花拭净，再用肥皂水洗净。如污染了致病菌，应将手浸于 2%～3%煤酚皂溶液或 0.1%新洁尔灭溶液中，经 10～20min 后洗净。

③ 菌液吸入口中，应立即吐出，并用大量自来水漱口多次，再根据该菌的致病程度做进一步处理：

a. 非致病菌：用 0.1%高锰酸钾溶液漱口。

b. 一般致病菌（葡萄球菌、肺炎链球菌等）：用 3% H_2O_2、0.1% $KMnO_4$ 溶液或 0.02%米他芬液漱口。

c. 致病菌：如吸入白喉棒杆菌，在用 b. 中方法处理后，再注射 1 000U 白喉抗毒素作紧急预防；若吸入伤寒沙门氏菌、痢疾志贺菌或霍乱弧菌等肠道致病菌，在经 b. 中方法处理后，可注射抗生素预防发病。

④ 如果衣服或易燃品着火，应先断绝火源或电源，搬走易燃物品（乙醚、汽油等），再用湿布掩盖灭火，或将身体靠墙或着地滚动灭火，必要时可用灭火器。

⑤ 如果皮肤烫伤，可用 5%鞣酸、2%苦味酸或 2%龙胆紫液涂抹伤口。

⑥ 化学药品灼伤。

a．强酸、溴、氯、磷等酸性药剂：先用大量清水洗涤，再用 5% $NaHCO_3$ 中和。

b．NaOH、金属钠（钾）、强碱性药剂：先用大量清水洗涤，再用 5%硼酸或 5%乙酸中和。

c．苯酚：用 95%乙醇洗涤。

d．如遇眼睛灼伤，则应先用大量清水冲洗，再根据化学药品的性质做分别处理。例如，遇碱灼烧可用 5%硼酸洗涤；遇酸灼烧可用 5% $NaHCO_3$ 洗涤，在此基础上再滴入 1～2 滴橄榄油或液体石蜡加以润湿即可。

三、药品试剂的管理

（1）依据检验室检验任务，制订各种药品试剂采购计划。写清品名、单位、数量、纯度、包装规格、出厂日期等，领回药品试剂后应建立账目，由专人管理，每半年做出消耗表，并清点剩余药品试剂。

（2）药品试剂应陈列整齐，放置有序，注意避光、防潮、通风干燥，瓶签完整。剧毒药品应加锁存放，易燃、挥发、腐蚀品种单独储存。

（3）领用药品试剂，需填写请领单，由使用人和检验室负责人签字。任何人无权私自出借或馈送药品试剂，本单位科、室间或外单位互借时需经科室负责人签字。

（4）称取药品试剂时应按操作规范进行，用后盖好，必要时可封口或用黑纸包裹，不使用过期或变质药品。

四、玻璃器皿的管理

1. 玻璃器皿的种类

1）试管

试管要求管壁坚厚，管直而口平。常用试管有以下规格。

（1）74mm（试管长）×10mm（管口直径），适于做康氏实验。

（2）15mm×5mm，适于做凝集反应实验。

（3）100mm×13mm，适于做生化反应实验、凝集反应及华氏血清实验。

（4）120mm×16mm，适于做斜面培养基容器。

（5）150mm×16mm，常用做培养基容器。

（6）200mm×25mm，用以盛较多量琼脂培养基，做倾注平板用。

2）培养皿

培养皿主要用于盛放细菌的分离培养基。常用培养皿有 50mm（皿底直径）×10mm（皿底高度）、75mm×10mm、90mm×10mm 和 100mm×10mm 等几种规格。活菌计数一般用 90mm×10mm 规格。

3）刻度吸管

刻度吸管简称吸管，用于准确吸取少量液体，其壁上有精细刻度。常用的吸管容量有 1mL、2mL、5mL、10mL 等；某些血清学实验常用 0.1mL、0.2mL、0.25mL、0.5mL 等容量的吸管。

4）试剂管

磨口塞试剂管分广口和小口之分，容量为 30～1 000mL 不等。视储备试剂量选用不同大小的试剂瓶。试剂管有棕色和无色 2 种，盛储避光试剂时用棕色的。

5）锥形瓶（三角烧瓶）

锥形瓶多用于储存培养基和生理盐水等溶液，有 50mL、100mL、150mL、200mL、250mL、300mL、500mL、1 000mL、2 000mL 等多种规格。其底大口小，便于加塞，放置平稳。

6）玻璃缸

玻璃缸用来盛放苯酚或煤酚皂溶液等消毒剂，以备浸泡用过的载玻片、盖玻片、吸管等。

7）玻璃棒

直径 3～5mm 的玻璃棒，做搅拌液体或标本支架用。

8）玻璃珠

玻璃珠常用中性硬质玻璃制成，直径为 3～4mm 和 5～6mm，用于血液脱纤维或打碎组织、样品或菌落等。

9）滴瓶

滴瓶有橡皮帽式和玻塞式，颜色有棕色和无色，容量有 30mL 或 60mL，储存染色液用。

10）玻璃漏斗

玻璃漏斗分短颈和长颈两种。常用口径为 60～150mm，分装溶液或过滤用。

11）载玻片、凹玻片及盖玻片

载玻片用于制作涂片，凹玻片用于制作悬滴标本和血清学检验。标准盖玻片厚度为 0.17mm，用于覆盖载玻片和凹玻片上的标本。

12）发酵管

发酵管用于测定细菌对糖类的发酵，常将杜氏小玻璃管倒置于含糖液的培养基试管内。

13）注射器及大小针头

50～100mL 的大型注射器多用于采血，1～20mL 的注射器用于动物实验和其他检验工作。注射针头规格有多种，酌情选用。

14）量筒、量杯

量筒、量杯规格有多种，不宜装入温度很高的液体，以防底座破裂。在微生物检验中，量筒、量杯主要用于量取液体培养基、蒸馏水等。

2. 玻璃器皿的清洁与清洗

1）新玻璃器皿

新玻璃器皿含有游离碱，初次使用时，应先在 2% HCl 内浸泡数小时，再用自来水冲洗干净。

2）带油污的玻璃器皿

带油污的玻璃器皿，可先在 50g/L 的 NaHCO₃ 溶液内煮 2 次，再用肥皂和热水洗刷。

3）带菌的玻璃器皿

（1）带菌的吸管及滴管：可将染菌吸管或滴管投入 3%煤酚皂溶液或 5%苯酚溶液内浸泡数小时或过夜，经高压蒸汽灭菌后，用自来水及蒸馏水冲净。

（2）带菌载玻片及盖玻片：可先浸入 5%苯酚或 5%煤酚皂溶液中消毒，然后用夹子取出，经清水冲净，最后浸入 95%乙醇中，用时在火焰上烧去乙醇即可，或者从乙醇中取出用软布擦干，保存备用。

（3）其他带菌的玻璃器皿：应先经 121℃高压蒸汽灭菌 20～30min 后取出，趁热倒出容器内的培养物，再用热水和肥皂水刷洗干净，用自来水冲洗，以水在内壁均匀分布一薄层而不出现水珠为油污除尽的标准。

 思考与拓展

1. 思考

（1）无菌室的结构与要求是什么？

（2）新建无菌室怎样消毒？

2. 拓展

独立规划设计糕点厂微生物检验室。

第二章　食品微生物检验基础操作技术

第一节　普通光学显微镜使用技术

☞ **知识目标**　了解普通光学显微镜的工作原理。
☞ **能力目标**　掌握普通光学显微镜的操作方法。
☞ **职业素养**　培养学生对检测数据负责的职业品德。

【理论知识】

普通光学显微镜的构造主要分为 3 部分：机械部分、照明部分和光学部分。

1. 机械部分

（1）镜座，显微镜的底座，用以支持整个镜体。

（2）镜柱，镜座上面直立的部分，用以连接镜座和镜臂。

（3）镜臂，一端连于镜柱，另一端连于镜筒，是取放显微镜时手握的部位。

（4）镜筒，连在镜臂的前上方，镜筒上端装有目镜，下端装有物镜转换器。

（5）物镜转换器（旋转器），接于棱镜壳的下方，可自由转动，盘上有 3～4 个圆孔，是安装物镜的部位，转动转换器，可以调换不同倍数的物镜。当听到碰叩声时，方可进行观察，此时物镜光轴恰好对准通光孔中心，光路接通。

（6）镜台（载物台），在镜筒下方，形状有方、圆两种，用以放置玻片标本，中央有一通光孔，显微镜的镜台上装有玻片标本推进器（推片器），推进器左侧有弹簧夹，用以夹持玻片标本，镜台下有推进器调节轮，可使玻片标本做左右、前后方向的移动。

（7）调节器，装在镜柱上的大小两种螺旋，调节时使镜台做上下方向的移动。

① 大螺旋。大螺旋也称为粗调螺旋，移动时可使镜台做快速和较大幅度的升降，所以能迅速调节物镜和标本之间的距离，使物像呈现于视野中，通常在使用低倍镜时，先用粗调螺旋迅速找到物像。

② 小螺旋。小螺旋也称为细调螺旋，移动时可使镜台缓慢地升降，多在运用高倍镜时使用，从而得到更清晰的物像，并借以观察标本的不同层次和不同深度的结构。

2. 照明部分

照明部分装在镜台下方，包括反光镜和集光器。

（1）反光镜，装在镜座上面，可向任意方向转动，它有平、凹两个面，其作用是将光源光线反射到集光器上，再经通光孔照明标本。凹面镜聚光作用强，适于光线较弱时使用；平面镜聚光作用弱，适于光线较强时使用。

（2）集光器（聚光器），位于镜台下方的集光器架上，由聚光镜和光圈组成，其作用是把光线集中到所要观察的标本上。

① 聚光镜，由一片或数片透镜组成，起汇聚光线的作用，加强对标本的照明，并使光线射入物镜内。镜柱旁有一调节螺旋，转动它可升降聚光器，以调节视野中光亮度的强弱。

② 光圈（虹彩光圈），在聚光镜下方，由十几张金属薄片组成，其外侧伸出一柄，推动它可调节其开孔的大小，以调节光量。

3. 光学部分

（1）目镜，装在镜筒的上端，通常备有 2～3 个，上面刻有"5×"、"10×"或"15×"符号以表示其放大倍数，一般装的是 10× 的目镜。

（2）物镜，装在镜筒下端的旋转器上，一般有 3～4 个物镜，刻有"10×"符号的为低倍镜，刻有"40×"符号的为高倍镜，刻有"100×"符号的为油镜。此外，在高倍镜和油镜上还常加有一圈不同颜色的线，以示区别。

在物镜上，还有镜口率（N.A.）的标志，它反映该镜头分辨力的大小，数字越大，表示分辨率越高。

表 2-1 中的工作距离是指显微镜处于工作状态（物像调节清楚）时物镜的下表面与盖玻片（盖玻片的厚度一般为 0.17mm）上表面之间的距离，物镜的放大倍数越大，它的工作距离越小。

表 2-1　不同物镜的镜口率和工作距离

物镜	镜口率（N.A.）	工作距离/mm
10×	0.25	5.40
40×	0.65	0.39
100×	1.30	0.11

显微镜的放大倍数是物镜的放大倍数与目镜的放大倍数的乘积，如物镜为 10×，目镜为 10×，其放大倍数就为 10×10＝100。

【材料准备】

（1）样品：金黄色葡萄球菌、大肠埃希菌染色涂片。

（2）试剂：香柏油、清洁剂（乙醚 7 份＋无水乙醇 3 份）。

（3）仪器及材料：普通光学显微镜（有油镜）、擦镜纸。

【操作步骤】

1. 准备

将普通光学显微镜小心地从镜箱中取出（移动普通光学显微镜时应右手握住镜臂，左手托住镜座），放置在实验台的偏左侧，以镜座的后端离实验台边缘 6～10cm 为宜。首先检查普通光学显微镜的各个部件是否完整和正常。如果是镜筒直立式光学显微镜，可使镜筒倾斜一定角度（一般不应超过 45°），以方便观察（观察临时装片时禁止倾斜镜臂）。

2. 低倍镜寻找物像

1）对光

打开实验台上的工作灯（如果是自带光源显微镜，这时应该打开显微镜上的电源开关），转动粗调螺旋，使镜筒略升高（或使载物台下降），调节物镜转换器，使低倍镜转到工作状态（即对准通光孔）。当镜头完全到位时，可听到轻微的碰叩声。

打开光圈并使聚光器上升到适当位置（以聚光镜上端透镜平面稍低于载物台平面的高度为宜）。用左眼向目镜内观察（注意两眼应同时睁开），同时调节反光镜的方向（如果是自带光源显微镜，应调节亮度旋钮），使视野内的光线均匀、亮度适中。

2）放置玻片标本

将玻片标本置于载物台上用标本推进器上的弹簧夹固定好（注意：使有盖玻片或有标本的一面朝上），转动标本推进器的螺旋，使需要观察的标本部位对准通光孔的中央。

3）调节焦距

用眼睛从侧面注视低倍镜，同时转动粗调螺旋使镜头下降（或载物台上升），直至低倍镜头距玻片标本的距离小于 0.6cm（注意操作时必须从侧面注视镜头与玻片的距离，以避免镜头碰破玻片）。用左眼从目镜上观察，同时用左手慢慢转动粗调螺旋使镜筒上升（或使载物台下降）直至视野中出现物像为止，再转动细调螺旋，使视野中的物像最清晰。

如果需要观察的物像不在视野中央，甚至不在视野内，可用标本推进器前后、左右移动标本的位置，使物像进入视野并移至中央。在调焦时，如果镜头与玻片标本的距离已超过了 1cm 还未见到物像，应严格按上述步骤重新操作。

3. 高倍镜观察物像

（1）在使用高倍镜观察标本前，应先用低倍镜寻找到需观察的物像，并将其移至视野中央，同时调准焦距，使被观察的物像最清晰。

（2）转动物镜转换器，直接使高倍镜转到工作状态（对准通光孔），此时，视野中一般可见到不太清晰的物像，只需调节细调螺旋，一般都可使物像清晰。

4. 油镜进一步放大观察物像

（1）用高倍镜找到所需观察的标本物像，并将需要进一步放大的部分移至视野中央。

（2）将聚光器升至最高位置并将光圈开至最大（因油镜所需光线较强）。

（3）转动物镜转换器，移开高倍镜，往玻片标本上需观察的部位（载玻片的正面，相当于通光孔的位置）滴一滴香柏油（折光率 1.51）或石蜡油（折光率 1.47）作为介质，然后使油镜转至工作状态。此时油镜的下端镜面一般应正好浸在油滴中。

（4）左眼注视目镜中心，同时小心而缓慢地转动细调螺旋（注意：这时只能使用细调螺旋，千万不要使用粗调螺旋）使镜头微微上升（或使载物台下降），直至视野中出现清晰的物像。操作时不要反方向转动细调螺旋，以免镜头下降压碎标本或损坏镜头。

（5）油镜使用完后，必须及时将镜头上的油擦拭干净。操作时先将油镜升高 1cm，并将其转离通光孔，先用干擦镜纸擦拭一次，把大部分的油去掉，再用蘸有少许清洁剂或二甲苯的擦镜纸擦拭一次，最后再用干擦镜纸擦拭一次。对于玻片标本上的油，如果是有盖玻片的永久制片，可直接用上述方法擦干净；如果是无盖玻片的标本，则盖玻片上的油可用拉纸法擦拭，即先把一小张擦镜纸盖在油滴上，再往纸上滴几滴清洁剂或二甲苯。趁湿将纸往外拉，如此反复几次即可干净。

【总结】

1. 结果记录

将微生物形态观察结果填入表 2-2。

表 2-2　微生物形态观察结果

菌名	低倍（放大 10 倍）	高倍（放大 40 倍）	油镜（放大 100 倍）
金黄色葡萄球菌			
大肠埃希菌			

2. 注意事项

（1）在使用镜筒直立式光学显微镜时，镜筒倾斜的角度不能超过 45°，以免重心后移使显微镜倾倒。在观察带有液体的临时装片时，载物台不要倾斜，以避免由于载物台的倾斜而使液体流到显微镜上。

（2）显微镜的光学部件不可用纱布、手帕、普通纸张或手指擦拭，以免磨损镜面，需要时只能用擦镜纸轻轻擦拭。机械部分可用纱布等擦拭。

（3）在任何时候，特别是使用高倍镜或油镜时，都不要一边在目镜中观察，一边下降镜筒（或上升载物台），以避免镜头与玻片相撞，损坏镜头或玻片标本。

（4）显微镜使用完后应及时复原。先升高镜筒（或下降载物台），取下玻片标本，使物镜转离通光孔。若镜筒、载物台是倾斜的，应恢复直立或水平状态。下降镜筒（或上升载物台），使物镜与载物台相接近，使反光镜处于垂直状态，下降聚光器，调小光圈，最后放回镜箱中锁好。

（5）在利用显微镜观察标本时，要养成两眼同时睁开，双手并用（左手操纵调焦螺旋，右手操纵标本推进器）的习惯，必要时应一边观察一边计数或绘图记录。

 思考与拓展

1. 思考

（1）使用显微镜观察标本时，为什么必须按从低倍镜到高倍镜，再到油镜的顺序进行？

（2）在调焦时为什么要先将低倍镜与标本表面的距离调节到 6mm 之内？

（3）如果标本片放反了，可用高倍镜或油镜找到标本吗？为什么？

（4）怎样才能准确而迅速地在高倍镜或油镜下找到目标？

（5）如果细调螺旋已转至极限而物像仍不清晰，应该怎么办？

（6）如何判断视野中所见到的污点是在目镜上？

（7）在对低倍镜进行准焦时，如果视野中出现了随标本片移动而移动的颗粒或斑纹，是否将标本移至物镜中央，就一定能找到标本的物像？为什么？

2. 拓展

观察酿酒酵母水封片的形态特征。

第二节　细菌形态观察技术

☞ **知识目标**　了解染料特性、细菌细胞壁结构、革兰氏染色原理、细菌菌落特征。

☞ **能力目标**　掌握简单染色法、革兰氏染色法的操作方法，掌握不同细菌菌落形态特征的识别方法。

☞ **职业素养**　能正确进行革兰氏染色操作，准确描述细菌菌落的特征，能识别未知菌的菌落。

一、细菌的简单染色

【理论知识】

细菌的细胞小而透明，在普通光学显微镜下不易识别，必须对它们进行染色，染色后的菌体与背景可形成明显的色差，从而能清楚地观察到其形态和构造。

用于生物染色的染料主要有碱性染料、酸性染料和中性染料三大类。碱性染料的离子带正电荷，能和带负电荷的物质结合。因细菌蛋白质等电点较低，当它生长于中性、碱性或弱碱性的培养基中时常带负电荷，所以通常采用碱性染料（如亚甲蓝、结晶紫、碱性复红或孔雀绿等）使其着色。酸性染料的离子带负电荷，能与带正电荷的物质结合。当细菌分解糖类产酸使培养基 pH 值下降时，细菌所带正电荷增加，因此易被伊红、酸性复红或刚果红等酸性染料着色。中性染料是前两者的结合，又称复合染料，如伊红亚甲蓝和伊红天青等。

简单染色法即仅用一种染料使细菌着色。此法虽操作简便，但一般只能显示细菌的形态，不能辨别其构造。

【材料准备】

（1）样品：大肠埃希菌培养 24h 的斜面培养物、枯草芽孢杆菌培养 12～16h 的斜面培养物。

（2）试剂：各种染色液、蒸馏水、香柏油、清洁剂。

（3）仪器及材料：普通光学显微镜、载玻片、接种环、镊子、酒精灯、火柴、擦镜纸、吸水纸。

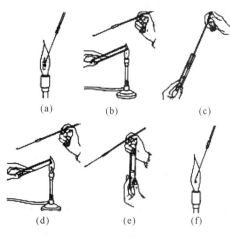

图 2-1　无菌取样操作

【操作步骤】

1．无菌取样

无菌取样操作如图 2-1（a）～（f）所示。

2．简单染色

简单染色操作如图 2-2 所示。

3．操作说明

（1）涂片。在洁净的载玻片中央滴一小滴蒸馏水，用接种环以无菌操作从枯草芽孢杆菌斜面上挑取少许菌苔于水滴中，混匀并涂成薄膜，涂布面积为 1～1.5cm²。

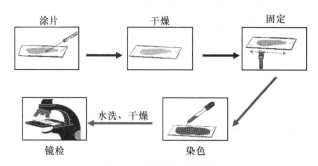

图 2-2　简单染色操作

（2）干燥。室温下自然干燥。

（3）固定。手执载玻片一端，使涂菌一面向上，通过火焰 2～3 次，此操作也称热固定，其目的是使细胞质凝固，以固定细胞形态，并使之牢固附着在玻片上。

（4）染色。将涂片置于水平位置，滴加结晶紫染色液（以刚好覆盖涂片薄膜为宜），染色 1min 左右。

（5）水洗。倾去染液，斜置载玻片，使自来水的细水流由载玻片上端流下，不得直接冲洗在涂菌处，直至载玻片上流下的水无色为止。

（6）干燥。自然干燥，或用电吹风吹干，也可用滤纸吸干，注意不要擦掉菌体。

（7）镜检。

【总结】

将细菌简单染色和形态观察结果填入表 2-3。

表 2-3　细菌简单染色和形态观察结果

菌名	染色液名称	菌体颜色	菌体形态（图示）
大肠埃希菌			
枯草芽孢杆菌			

思考与拓展

1. 思考

涂片为什么要固定，固定时应注意什么？

2. 拓展

对金黄色葡萄球菌进行简单染色及形态观察。

二、细菌革兰氏染色鉴别

【理论知识】

革兰氏染色反应是细菌分类和鉴定的重要性状。它是 1884 年由丹麦医师 Christian Gram（格拉姆·克里斯蒂安）创立的。革兰氏染色法不仅能观察到细菌的形态，还可将所有细菌区分为两大类：染色反应呈蓝紫色的称为革兰氏阳性菌，用 G^+ 表示；染色反应呈红色（复染颜色）的称为革兰氏阴性菌，用 G^- 表示。细菌对革兰氏染色的不同反应，是由它们细胞壁的成分和结构不同而造成的（图 2-3、表 2-4）。

表 2-4 革兰氏阳性菌与革兰氏阴性菌细胞壁成分比较

成分	占细胞壁干重的比例/%	
	革兰氏阳性菌	革兰氏阴性菌
肽聚糖	含量很高（30~95）	含量很低（5~20）
磷壁酸	含量较高（<50）	无
类脂质	一般无（<2）	含量较高（>20）
蛋白质	无	含量较高

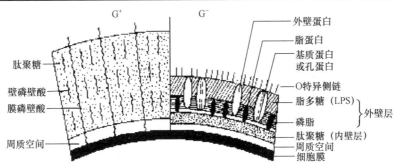

图 2-3 革兰氏阳性菌和革兰氏阴性菌细胞壁结构比较

通过结晶紫初染和碘液媒染后，在细胞壁内形成了不溶于水的结晶紫与碘的复合物。革兰氏阳性菌由于其细胞壁较厚、肽聚糖网层次较多且交联致密，故遇乙醇或丙酮脱色处理时，因失水反而使网孔缩小，再加上它不含类脂，故乙醇处理不会出现缝隙，因此能把结晶紫与碘复合物牢牢留在壁内，使其仍呈紫色。革兰氏阴性菌因其细胞壁薄、外膜层类脂含量高、肽聚糖层薄且交联度差，在遇脱色剂后，以类脂为主的外膜迅速溶解，薄而松散的肽聚糖网不能阻挡结晶紫与碘复合物的溶出，因此通过乙醇脱色后仍呈无色，再经沙黄等红色染料复染，就使革兰氏阴性菌呈红色。

金黄色葡萄球菌、溶血性链球菌、产气荚膜梭菌、粪链球菌、炭疽杆菌等属革兰氏阳性菌。沙门氏菌、大肠埃希菌、志贺菌、铜绿假单胞菌、霍乱弧菌均属革兰氏阴性菌。根据细菌的革兰氏染色性质，可以缩小鉴定范围，有利于进一步分离鉴定。

【材料准备】

（1）样品：大肠埃希菌斜面菌种 1 支、枯草芽孢杆菌斜面菌种 1 支。

（2）试剂：染色液。①结晶紫染色液（结晶紫 1g，95%乙醇 20mL，1%草酸铵水溶液 80mL。将结晶紫溶解于乙醇中，然后与草酸铵溶液混合）。②革兰氏碘液（碘 1g，碘化钾 2g，蒸馏水 300mL，将碘与碘化钾先进行混合，加入蒸馏水少许，充分振摇，待完全溶解后，再加蒸馏水至 300mL）。③番红染色液（番红 0.25g，95%乙醇 10mL，蒸馏水 90mL，将番红溶解于乙醇中，然后用蒸馏水稀释）。

蒸馏水、香柏油、清洁剂。

（3）仪器及材料：普通光学显微镜、载玻片、接种环、镊子、酒精灯、火柴、擦镜纸、吸水纸。

【操作步骤】

1. 操作流程

涂片→固定→初染（结晶紫染色液）1～2min→水洗→媒染（革兰氏碘液）1min→水洗→脱色（95%乙醇至无色）→水洗→复染（番红染色液）1～2min→水洗→干燥→镜检，如图 2-4 所示。

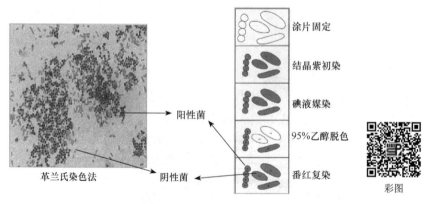

革兰氏染色法　阳性菌　阴性菌

涂片固定
结晶紫初染
碘液媒染
95%乙醇脱色
番红复染

彩图

图 2-4　革兰氏染色操作流程

2. 操作说明

1）涂片和固定

（1）常规涂片法。取一洁净的载玻片，用特种笔在载玻片的左、右两侧标上菌号，并在两端各滴一小滴蒸馏水，以无菌接种环分别挑取少量菌体涂片，干燥、固定。载玻片要洁净无油，否则菌液涂不开。

（2）"三区"涂片法。在载玻片的左、右端各加一滴蒸馏水，用无菌接种环挑取少量枯草芽孢杆菌与左边水滴充分混合成仅有枯草芽孢杆菌的区域，并将少量菌液延伸至载玻片的中央。再用无菌的接种环挑取少量大肠埃希菌与右边的水滴充分混合成仅有大肠埃希菌的区域，并将少量的大肠埃希菌液延伸到载玻片中央，与枯草芽孢杆菌混合成含有 2 种菌的混合区，干燥、固定。

2）初染和水洗

滴加结晶紫染色液于两个载玻片的涂面上（以刚好将菌膜覆盖为宜），染色 1～2min，倾去染色液，细水冲洗至洗出液为无色，并将载玻片上的水甩净。

3）媒染和水洗

用革兰氏碘液媒染约 1min，水洗。

4）脱色和水洗

用滤纸吸去载玻片上的残水，将载玻片倾斜，在白色背景下，用滴管流加 95%的乙醇脱色，直至流出的液体无紫色时，立即水洗，终止脱色，将载玻片上的水甩净。

5）复染和水洗

在涂片上滴加番红染色液复染 2～3min，水洗，然后用吸水纸吸干。在染色的过程中，不可使染液干涸。

6）干燥、镜检

干燥后，用油镜观察。判断两种菌体染色后的反应。菌体被染成蓝紫色的是革兰氏阳性菌（G⁺），被染成红色的是革兰氏阴性菌（G⁻）。

7）实验结束后处理

清洁显微镜，先用擦镜纸擦去镜头上的油，然后再用擦镜纸蘸取少许二甲苯擦去镜头上的残留油迹，最后用擦镜纸擦去残留的二甲苯。染色玻片应用洗衣粉水煮沸、清洗，晾干后备用。

【总结】

1. 结果记录

将革兰氏染色结果填入表 2-5。

表 2-5　革兰氏染色结果

菌名	菌体颜色	菌体形态	G⁺或 G⁻
大肠埃希菌			
枯草芽孢杆菌			

2. 注意事项

（1）涂片不宜过厚，以免脱色不完全，造成假阳性。

（2）乙醇脱色时间是革兰氏染色成败的关键，如脱色过度，革兰氏阳性菌也可被脱色而被误认为是革兰氏阴性菌。如脱色时间过短，革兰氏阴性菌也会被误认为是革兰氏阳性菌。

（3）应选择活跃生长期的幼培养物做革兰氏染色。培养时间过长或死亡及部分自溶，会改变细菌细胞壁的通透性，造成阳性菌的假阴性反应。

（4）热固定温度不宜过高。

思考与拓展

1. 思考

（1）革兰氏染色中哪一步是关键，为什么？如何控制这一步？

（2）不经复染这一步，能否区别革兰氏阳性菌和革兰氏阴性菌？

（3）固定的目的之一是杀死菌体，这与用自然死亡的菌体进行染色有何不同？

2. 拓展

（1）对金黄色葡萄球菌进行革兰氏染色，并进行形态描述。

（2）对矿泉水常规检验中产气荚膜梭菌、粪链球菌、铜绿假单胞菌进行革兰氏染色，并进行形态描述。

三、细菌菌落形态鉴别

【理论知识】

1. 细菌菌落

单个或少数细菌（或其他微生物的细胞、孢子）接种到固体培养基表面，如果条件适宜，就会形成以母细胞为中心的体型较大的子细胞群体。这种由单个或少量细胞在固体培养基表面繁殖形成的、肉眼可见的子细胞群体称为菌落。

与菌落的概念不同，如果是许多细菌菌体接种在固体培养基上，经培养后长成密集的、不规则的片（块）状的细胞群体，则称为菌苔。

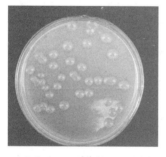

图 2-5　细菌菌落特征

2. 细菌菌落形态特征

因细菌较小，故形成的菌落一般也较小、较薄、较透明，并较"细腻"。不同的细菌常产生不同的色素，故会形成相应颜色的菌落。更重要的是，有的细菌具有某些特殊构造，于是形成特有的菌落形态特征（图 2-5 和图 2-6）。例如，有鞭毛的细菌常会形成大而扁平、边缘很不圆整的菌落，这在一些运动能力强的细菌，如变形杆菌中更为突出，有的菌种甚至会形成迁移性的菌落。一般无鞭毛的细菌，只形成形态较小、突起和边缘光滑的菌落。具有荚膜的细菌可形成黏稠、光滑、透明及呈鼻涕状的大型菌落。有芽孢的细菌，常因其芽孢与菌体细胞有不同的光折射率，以及细胞呈链杆状排列，致使其菌落透明度较差，表面较粗糙，有时还有曲折的沟槽样外观等。此外，由于许多细菌在生长过程中会产生较多有机酸或蛋白质分解产物，因此，菌落常散发出一股酸败味或腐臭味。

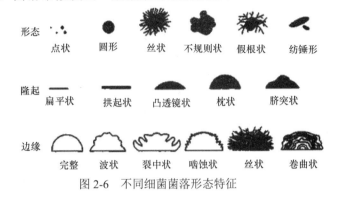

图 2-6 不同细菌菌落形态特征

【材料准备】

（1）已知菌的菌落平板：大肠埃希菌、金黄色葡萄球菌、胶质芽孢杆菌、枯草芽孢杆菌营养琼脂平板。

（2）未知菌的菌落平板。

【操作步骤】

（1）对已知菌菌落形态特征进行描述并填表 2-6。

（2）对未知菌菌落形态特征进行描述并填表 2-7，统计对未知菌菌落识别的准确率（%）。

表 2-6 已知菌菌落形态

菌名	辨别要点				菌落描述						透明度
	湿		干		表面	边缘	隆起形状	颜色			
	厚薄	大小	松密	大小				正面	反面	水溶色素	
大肠埃希菌											
金黄色葡萄球菌											
胶质芽孢杆菌											
枯草芽孢杆菌											

表 2-7 未知菌菌落形态

菌落号	湿		干		菌落描述						透明度	判断结果
	厚薄	大小	松密	大小	表面	边缘	隆起形状	颜色				
								正面	反面	水溶色素		
1												
2												
3												
4												
5												

续表

菌落号	湿		干		菌落描述							判断结果
	厚薄	大小	松密	大小	表面	边缘	隆起形状	颜色			透明度	
								正面	反面	水溶色素		
6												
7												
8												
9												
10												
11												
⋮												

【总结】

（1）每张实验台上都放一套已知菌落和未知菌落标本，观察时请勿随意打开或挑取。

（2）对要观察和识别的菌落，必须选择长在稀疏区域的单菌落，否则会因为过分拥挤而影响菌落的大小、形状和结构，从而影响对其正确的判断。

 思考与拓展

1. 思考

（1）菌落干燥与湿润的原因是什么？为何这一标准在微生物识别中占有重要地位？
（2）试分析影响菌落大小的内外因素。
（3）具有鞭毛、荚膜或芽孢的细菌在它们形成菌落时，一般会出现哪些相应特征？

2. 拓展

（1）识别从糕点样品中分离出的细菌的菌落特征。
（2）识别从纯净水样品中分离出的细菌的菌落特征。

第三节 酵母菌鉴别技术

☞ **知识目标** 了解酵母菌形态、菌落特征、死活细胞的鉴别原理，血细胞计数板计数的工作原理，目镜测微尺、镜台测微尺的工作原理。

☞ **能力目标** 掌握酵母菌个体形态观察、菌落特征描述方法，熟练掌握血细胞计数板的计数方法，熟练使用测微尺测量酵母菌的大小。

☞ **职业素养** 能准确描述酵母菌个体形态、菌落特征；准确判断酵母菌的活性并进行酵母菌计数。

一、酵母菌的形态鉴别

【理论知识】

1. 酵母菌的形态

酵母菌是一群单细胞的真核微生物，其形态因种而异，通常为圆形、卵圆形或椭圆形，如图 2-7 所示，也有特殊形态，如柠檬形、三角形、藕节状、腊肠形、假菌丝等。一般酵母菌的细胞长 5～30μm、宽 1～5μm。

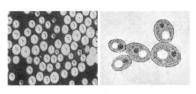

图 2-7　酵母菌个体形态

繁殖方式也较复杂，无性繁殖方式主要是出芽生殖，仅裂殖酵母属以分裂方式繁殖；有性繁殖通过接合产生子囊孢子。

图 2-8　酵母菌菌落形态　　　彩图

2. 酵母菌的菌落特征

酵母菌细胞比细菌大（直径大 5～10 倍），且不能运动，繁殖速度较快，一般形成较大、较厚和较透明的圆形菌落，如图 2-8 所示。酵母菌一般不产生色素，只有少数种类产生红色素，个别产生黑色素。假丝酵母菌的种类因形成藕节状的假菌丝，使菌落的边缘较快向外蔓延，因而会形成较扁平和边缘较不整齐的菌落。此外，由于酵母菌普遍生长在糖含量高的有机养料上并产生乙醇等代谢产物，故其菌落常伴有酒香味。

亚甲蓝是一种无毒性染料，它的氧化型是蓝色的，而还原型是无色的。用亚甲蓝对酵母菌的活细胞进行染色，由于细胞中新陈代谢的作用，使细胞内具有较强的还原能力，能使亚甲蓝从蓝色的氧化型变为无色的还原型，所以酵母菌的活细胞无色。对于死细胞或代谢缓慢的老细胞，因它们无此还原能力或还原能力极弱，而被亚甲蓝染成蓝色或淡蓝色。

【材料准备】

（1）样品：酿酒酵母菌 2～3d 培养物斜面及平板。

（2）试剂：吕氏亚甲蓝染液。

（3）仪器及材料：显微镜、载玻片、盖玻片。

【操作步骤】

（1）个体形态的观察。在载玻片中央滴一滴蒸馏水，取酿酒酵母菌少许，放在水-碘液滴中，使菌体与水混匀。取盖玻片一块，小心地将盖玻片一端与菌液接触，然后缓慢地将盖玻片放下，这样可避免产生气泡。观察酿酒酵母菌细胞的形状、构造及有否出芽。

（2）菌落特征观察。

（3）酵母菌细胞的死活染色鉴别。

① 在载玻片中央加一滴吕氏亚甲蓝染液，液滴不可过多或过少，以免盖上盖玻片时，溢出或留有气泡。然后按无菌操作法取培养 2～3d 的酿酒酵母菌少许，放在吕氏亚甲蓝染液中，使菌体与染液均匀混合。

② 取盖玻片一块，小心地盖在液滴上。盖片时应注意，不能将盖玻片平放下去，应先将盖玻片的一边与液滴接触，然后将整个盖玻片慢慢放下，这样可以避免产生气泡。

③ 将制好的水浸片放置 3min 后镜检。先用低倍镜观察，然后换用高倍镜观察酿酒酵母菌的形态和出芽情况，同时可以根据是否染上颜色来区别死、活细胞。

【总结】

对要观察和识别的菌落，必须选择长在稀疏区域的单菌落，否则会因为菌落过分拥挤而影响其大小、形状和结构，从而影响判断的准确性。

 思考与拓展

1. 思考

（1）酵母菌和细菌在形态大小、细胞结构上有何区别？
（2）在同一平板培养基上有细菌及酵母菌两种菌落，如何识别它们？

2. 拓展

（1）对酒精酵母菌或啤酒酵母菌个体形态及菌落特征进行识别。
（2）对假丝酵母菌个体形态及菌落特征进行识别，并与酿酒酵母菌进行比较。

二、酵母菌细胞数的测定

【理论知识】

血细胞计数板是一种专门用于对较大单细胞微生物计数的仪器，由一块比普通载玻片厚的特制玻片制成，玻片中有 4 条下凹的槽，构成 3 个平台。中间的平台较宽，其中间又被一短横槽隔为两半，每半边上面刻有一个方格网。方格网上刻有 9 个大方格，其中只有中间的一个大方格为计数室。这个大方格的长度和宽度各为 1mm，深度为 0.1mm，其容积为 $0.1mm^3$，即 $1mm \times 1mm \times 0.1mm$ 方格的计数板；大方格的长度和宽度各为 2mm，深度为 0.1mm，其容积为 $0.4mm^3$，即 $2mm \times 2mm \times 0.1mm$ 方格的计数板。在血细胞计数板上，刻有一些符号和数字，其含义如下：XB-K-25 为计数板的型号和规格，表示此计数板分 25 个中格；0.1mm 为盖上盖玻片后计数室的高度；$1/400mm^2$ 表示计数室面积是 $1mm^2$，分 400 个小格，每小格面积是 $1/400mm^2$。

计数室通常也有两种规格：一种是 16×25 型，即大方格内分为 16 个中方格，每一个中方格又分为 25 个小方格；另一种是 25×16 型，即大方格内分为 25 个中方格，每一个中方格又分为 16 个小方格。不管计数室是哪一种构造，它们都有一个共同的特点，即每一大方格都是由 16×25＝25×16＝400 个小方格组成。

1. 16×25 型的计数板

将 16×25 型的计数板的计数室放大，可见它含 16 个中方格，一般取四角 1、4、13、16 四个中方格（100 个小方格）计数（图 2-9）。将每一个中方格放大，可见 25 个小方格。计数完毕后，依下列公式计算：

$$酵母菌细胞个数/mL＝100 个小方格细胞总数/100×400×10\ 000×稀释倍数$$

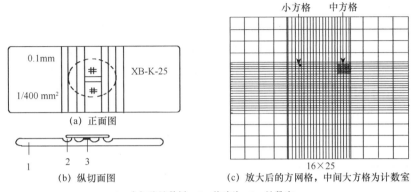

(a) 正面图

(b) 纵切面图

(c) 放大后的方网格，中间大方格为计数室

1—血细胞计数板；2—盖玻片；3—计数室。

图 2-9　血细胞计数板（16×25 型）构造

2. 25×16 型的计数板

25×16 型的计数板的中央大方格以双线等分成 25 个中方格，每个中方格又分成 16 个小方格，供细胞计数用 [图 2-10（c）]。一般计数 4 个角和中央的 5 个中方格（80 个小方格）的细胞数。计数完毕后，依下列公式计算：

$$酵母菌细胞个数/mL＝80 个小方格细胞总数/80×400×10\ 000×稀释倍数$$

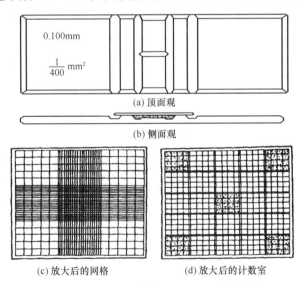

(a) 顶面观

(b) 侧面观

(c) 放大后的网格

(d) 放大后的计数室

图 2-10　血细胞计数板（25×16 型）构造

【材料准备】

（1）样品：酿酒酵母菌悬液。

（2）仪器及材料：显微镜、血细胞计数板、试管、滴管、吸水纸、95%酒精棉、擦镜纸。

【操作步骤】

（1）镜检计数室。在加样前，先对计数板的计数室进行镜检。若有污物，则需清洗，吹干后才能进行计数。

（2）加样品。将清洁干燥的血细胞计数板的计数室加盖专用的盖玻片，用吸管吸取稀释后的酿酒酵母菌悬液，滴于盖玻片边缘，让菌悬液自行缓缓渗入，一次性充满计数室，防止产生气泡，充入菌悬液的量以不超过计数室台面与盖玻片之间的矩形边缘为宜。多余菌悬液可用滤纸吸去。

（3）计数。稍待片刻（约 5min），待酵母菌细胞全部沉降到计数室底部后，将计数板放在载物台的中央，先在低倍镜下找到计数室所在位置，再转换高倍镜观察、计数并记录。

（4）清洗。计数完毕，先用蒸馏水冲洗计数板，用吸水纸吸干，再用酒精棉轻轻擦拭后用水冲，最后用擦镜纸擦干。计数室上的盖玻片也做同样的清洗与擦干处理，最后放入计数板的盒中。

【总结】

1. 结果记录

将酵母菌计数结果填入表 2-8。

表 2-8　酵母菌计数结果

分类	中方格菌数/个					中方格平均菌数/个	大方格总菌数/个	稀释倍数	菌数/（个/mL）
	X_1	X_2	X_3	X_4	X_5				
第一室									
第二室									

2. 注意事项

（1）从试管中吸出菌悬液进行计数之前，要将试管轻轻振荡几下，这样可使酵母菌分布均匀，防止酵母菌凝聚沉淀，提高计数的代表性和准确性，求得的菌悬液中的酵母菌数量误差小。

（2）如果一个小方格内酵母菌过多，难以数清，应当对菌悬液进行稀释以便于酵母菌的计数。具体方法如下：摇匀试管，取 1mL 酵母菌培养液，加入成倍的无菌水稀释，稀释 n 倍后，再用血细胞计数板计数，所得数值乘以稀释倍数。以每个小方格内含有 4～5 个酵母菌细胞为宜。特别是在培养后期的样液需要稀释后计数。

（3）活酵母菌有芽殖现象，当芽体达到母细胞大小的一半时，即可作为两个菌体计数；当芽体小于母细胞大小的一半时，按 1 个菌体计数。

（4）对于压在方格界线上的酵母菌，应当计数同侧相邻两边上的菌体数，一般可按"数上线不数下线，数左线不数右线"的原则处理，另外两边不计数。计数时，如果使用 16×25 型的计数室，要按对角线位，取左上、右上、左下、右下 4 个中方格（即

100 个小方格）的酵母菌数；如果是规格为 25×16 型的计数板，除了取其 4 个对角方位外，还需再数中央的 1 个中方格（即 80 个小方格）的酵母菌数。

（5）计数 1 个样品，要从两个计数室中计得的平均数值来计算。对每个样品可计数 3 次，再取其平均值。计数时应不时调节焦距，才能观察到不同深度的菌体。按公式计算每 1mL（或 10mL）菌液中所含的酵母菌个数。

思考与拓展

1. 思考

（1）为何用血细胞计数板可计得样品的总菌值？叙述其适用的范围。

（2）为什么计数室内不能有气泡？试分析产生气泡的可能原因。

（3）试分析影响实验结果的误差来源及提出改进措施。

2. 拓展

利用血细胞计数板稀释酿酒酵母菌悬液至 10^4 数量级/mL。

三、酵母菌大小测定技术

【理论知识】

微生物细胞个体较小，需要在显微镜下借助于特殊的测量工具——测微尺来测定其大小。测微尺的安装如图 2-11 所示。测微尺包括镜台测微尺和接目测微尺。

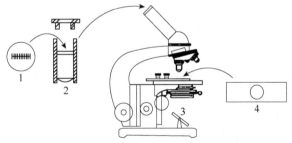

1—接目测微尺；2—接目镜；3—反光镜；4—标本片。

图 2-11　测微尺的安装

镜台测微尺是一张中央部分刻有精确等分线的载玻片，专门用于标定接目测微尺每小格的相对长度。通常，刻度的总长是 1mm，等分为 100 格，每格 0.01mm（即 10μm）。镜台测微尺不能直接用来测量细胞的大小。

接目测微尺（图 2-12）是一块可以放入接目镜的圆形小玻片，其中央有精确的等分刻度，有等分为 50 小格和 100 小格两种。在测量时将接目测微尺放在目镜的隔板上，即可测量经显微镜放大后的细胞物像。也有专用的目镜，里面已经安放好接目测微尺。

由于接目测微尺所测量的是经显微镜放大后的细胞物像，因此，不同的显微镜或不同的目镜和物镜组合放大倍数不同，接目测微尺每一小格所代表的实际长度也不一样。所以，在用接目测微尺测量微生物大小之前，必须先用镜台测微尺校定接目测微尺（图 2-13），以确定该显微镜在特定放大倍数的目镜和物镜下，接目测微尺每一小格所代表的实际长度，然后根据微生物细胞相当于的接目测微尺格数，计算出微生物细胞的实际大小。

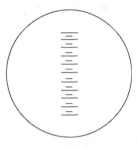

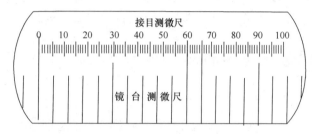

图 2-12　接目测微尺　　　　　图 2-13　用镜台测微尺校正接目测微尺

【材料准备】

（1）样品：啤酒酵母菌悬液。

（2）仪器及材料：显微镜、接目测微尺、镜台测微尺、载玻片、盖玻片。

【操作步骤】

1. 装接目测微尺

取下显微镜的目镜，换上专用目镜。如果没有专用的目镜，则取下显微镜的目镜，旋下透镜，将接目测微尺刻度朝下放在接目镜的隔板上，再旋上目镜透镜。

2. 接目测微尺的标定

（1）放镜台测微尺。将镜台测微尺刻度面朝上固定在显微镜的载物台上，注意不可放反。

（2）标定。将低倍镜转入光路，镜台测微尺有刻度的部分移至视野中央，调节焦距，当清晰地看到镜台测微尺的刻度后，转动目镜使接目测微尺与镜台测微尺的刻度相平行。利用移动钮移动镜台测微尺，使两尺在某一区域内两线完全重合，然后分别数出两重合线之间镜台测微尺和接目测微尺所占的格数。（使接目测微尺的一条刻度线与镜台测微尺的一条刻度线相重合，再寻找另一重合线，分别数出其间镜台测微尺和接目测微尺所占的格数。）

（3）用同样的方法，在高倍镜下对接目测微尺进行标定。（观察时光线不宜过强，否则难以找到镜台测微尺的刻度，换高倍镜标定时，务必十分细心，防止物镜压坏镜台测微尺和损坏镜头。）

（4）计算。已知镜台测微尺每格长 10μm，根据下列公式即可分别计算出在不同放大倍数下，接目测微尺每格所代表的长度。

$$接目测微尺每格长度（\mu m）=10n/m$$

式中，n ——两重合线间镜台测微尺格数；

　　　m ——两重合线间接目测微尺格数。

3. 微生物细胞大小的测量

接目测微尺标定完毕后，取下镜台测微尺，换上微生物标本片，将其固定在载物台上，先用低倍镜找到标本片图像，然后根据不同的微生物对象转换到高倍镜下，用接目测微尺测量微生物细胞的直径或宽和长所占的格数，再依据所标定的高倍镜每一格的实际长度计算细胞的实际大小。

通常测定对数生长期菌体来代表该菌的大小，为了尽量减小实验误差，应在同一标本片上测量10~20个细胞，取其平均值表示该菌的大小。

4. 维护

测量完毕，换上原有显微镜的目镜（或取出接目测微尺，目镜放回镜筒），用擦镜纸将接目测微尺擦拭干净后放回盒内保存，并按照显微镜的使用和维护方法擦拭物镜。

【总结】

1. 结果记录

接目测微尺标定结果：
低倍镜下_____倍接目测微尺每格长度为_____μm。
高倍镜下_____倍接目测微尺每格长度为_____μm。
将啤酒酵母菌细胞测定结果填入表2-9。

表2-9　啤酒酵母菌细胞测定结果

菌号	接目测微尺格数		实际长度	
	宽	长	宽/μm	长/μm
1				
2				
3				
4				
5				
6				
7				
8				
9				
10				
平均值				

2. 注意事项

（1）镜台测微尺上的圆形盖玻片是用加拿大树胶封合的，当去除香柏油时不宜用过多的二甲苯，以免树胶溶解，使盖玻片脱落。

（2）为了提高测量的准确率，通常要测定 10～20 个细胞的大小后再取其平均值。

 思考与拓展

1. 思考

（1）测微尺包括哪两个部件？它们各起什么作用？

（2）在某架显微镜下用某一放大倍数的物镜，测得接目测微尺每格的实际长度后，当换一架显微镜用同样放大倍数的物镜时，该尺度是否还有效？为什么？

2. 拓展

利用测微尺测量酿酒酵母菌细胞的大小。

第四节　霉菌鉴别技术

☞ **知识目标**　了解霉菌的形态结构、菌落特征。
☞ **能力目标**　掌握霉菌个体形态及菌落形态的观察技术。
☞ **职业素养**　能准确描述典型霉菌菌落的特征及菌丝体和孢子头。

【理论知识】

1. 菌丝和菌丝体

霉菌是一些丝状真菌的统称。菌丝是由细胞壁包被的一种管状细丝，大都无色透明，宽度一般为 3～10mm，比细菌的宽度大几倍到几十倍。菌丝有分枝，分枝的菌丝相互交错而成的群体称为菌丝体。霉菌的菌丝分有隔菌丝和无隔菌丝两种类型（图 2-14）。

（1）有隔菌丝。菌丝中有横隔膜将菌丝分隔成多个细胞。在菌丝生长过程中，细胞核的分裂伴随着细胞的分裂，每个细胞含有 1 个至多个细胞核，形成单核有隔菌丝和多核有隔菌丝。不同的霉菌菌丝中的横隔膜的结构不一样，有的为单孔式，有的为多孔式，还有的为复式。但无论哪种类型的横隔膜，都能让相邻两个细胞内的物质相互沟通。

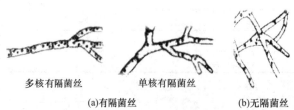

多核有隔菌丝　　　　单核有隔菌丝

(a)有隔菌丝　　　　　　　　　(b)无隔菌丝

图 2-14　霉菌个体形态特征

（2）无隔菌丝。菌丝中没有横隔膜，整个菌丝就是一个单细胞，菌丝内有许多核。

在菌丝生长过程中只有核的分裂和原生质量的增加，没有细胞数目的增多。

2. 菌丝的特异化

（1）假根。假根是根霉属真菌的匍匐枝与基质接触处分化形成的根状菌丝。在显微镜下假根的颜色比其他菌丝要深，它起固着和吸收营养的作用。

（2）吸器。吸器是某些寄生性真菌从菌丝上产生出来的旁枝，侵入寄主细胞内形成指状、球状或丛枝状结构，用以吸收寄主细胞中的养料。

（3）菌核。菌核是由菌丝团组成的一种硬的休眠体，一般有暗色的外皮，在条件适宜时可以生出分生孢子梗、菌丝子实体等。

（4）子实体。子实体是由真菌的营养菌丝和生殖菌丝缠结而成的具有一定形状的产孢结构，如伞菌的子实体呈伞状。

3. 霉菌的菌落特征

霉菌的菌落是由分枝状菌丝体组成的，由于菌丝较粗而长，形成的菌落比较疏松，常呈现绒毛状、棉花样絮状或蜘蛛网状（图 2-15）。有些霉菌，如根霉、毛霉、链孢霉的菌丝生长很快，在固体培养基表面蔓延，以致菌落没有固定的大小。如果在固体食品发酵的过程中污染了这一类霉菌，且没有及时采取措施，往往会造成严重的经济损失。也有不少种类的霉菌，其生长有一定的局限性，如青霉和曲霉。菌落表面常呈现肉眼可见的不同的结构和色泽特征，这是因为霉菌形成的孢子有不同的形状、构造和颜色。有的霉菌产生的水溶性色素可分泌到培养基中，使菌落背面呈现不同的颜色。一些生长较快的霉菌菌落，其菌丝生长向外扩展，所以菌落中部菌丝的菌龄较大，而菌落边缘的菌丝是最幼嫩的。同一种霉菌，在不同成分的培养基上形成的菌落特征可能有变化，但在一定的培养基上形成的菌落大小、形状、颜色等比较一致。因此，菌落特征也是霉菌鉴定的主要依据之一。

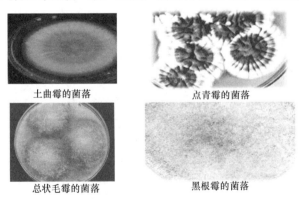

土曲霉的菌落　　　　　　点青霉的菌落

总状毛霉的菌落　　　　　黑根霉的菌落

图 2-15　霉菌菌落形态特征

【材料准备】

（1）样品：曲霉、青霉、根霉和毛霉培养 2～5d 的马铃薯琼脂平板培养物。

（2）试剂：乳酸苯酚棉蓝染色液（苯酚 10g，甘油 20g，乳酸 10g，蒸馏水 10mL，将苯酚倒入蒸馏水中加热溶解，然后慢慢加入乳酸、甘油）。

（3）仪器及材料：显微镜、载玻片、盖玻片、接种针等。

【操作步骤】

1. 霉菌菌落特征的观察

观察曲霉、青霉、根霉和毛霉平板中的菌落，描述其菌落特征。注意菌落形态的大小，菌丝的高矮、生长密度，孢子颜色和菌落表面等状况，并与细菌、放线菌、酵母菌菌落进行比较。

2. 制水浸片观察

在洁净的载玻片中央，滴加一小滴乳酸苯酚溶液，然后用接种针从菌落边缘挑取少许菌丝体置于其中并摊开，轻轻盖上盖玻片（注意勿出现气泡），置于低倍镜、高倍镜下观察。

1）曲霉

观察菌丝体有无横隔膜、足细胞，注意观察分生孢子梗、顶囊、小梗及分生孢子的着生状况及形状。

2）青霉

观察菌丝体的分枝状况，有无横隔膜。注意观察分生孢子梗及其分枝方式、梗基、小梗，分生孢子的形状以及分生孢子穗、帚状分枝的层次状况。

3）根霉

观察菌丝是否有横隔膜、假根、匍匐枝、孢子囊梗、孢子梗及孢囊孢子。注意观察孢囊破裂后的囊托及囊轴。

4）毛霉

观察菌丝是否有横隔膜、孢囊孢子及菌丝的分枝情况。

【总结】

1. 结果记录

将菌丝体和特征性构造绘制于表 2-10 中。

表 2-10　菌丝体和特征性构造

菌种	低倍镜视野下	高倍镜视野下
曲霉孢子及孢子头		
青霉孢子及孢子头		
根霉孢子及孢子头		
毛霉孢子及孢子头		

2. 注意事项

（1）进行载玻片培养时，接种的菌种量宜少，培养基要铺得圆且薄些；盖上盖玻片时，不能产生气泡，也不能把培养基压碎或压平而无缝隙。

（2）观察时，应先用低倍镜沿着琼脂块的边缘寻找合适的生长区，然后再换高倍镜仔细观察有关构造并绘图。

 思考与拓展

1. 思考

（1）根霉与毛霉的区别在哪里？

（2）进行载玻片培养时，若盖玻片和载玻片之间的空隙压得过小或全无，将会出现怎样的结果，为什么？

2. 拓展

从霉变食品中挑取菌丝体进行观察。

第五节　细菌典型生理生化鉴定技术

☞ **知识目标**　了解生化实验的工作原理。
☞ **能力目标**　掌握生化实验的操作方法，对阴性、阳性结果能进行正确判断。
☞ **职业素养**　能正确而熟练地进行样品稀释和取样，熟悉相关检验的国家标准。

【理论知识】

由于各种细菌具有不同的酶系统，所以它们能利用不同的底物（如糖、醇及各种含氮物质等），或虽利用相同的底物但产生的代谢产物不相同，因此可利用不同的生理生化反应来鉴别不同的细菌。在肠杆菌科细菌的鉴定中，生理生化实验占有重要的地位，常作为区分种、属、族的重要依据。

【材料准备】

（1）样品：大肠埃希菌、产气肠杆菌、普通变形杆菌。

（2）试剂：糖发酵培养液、葡萄糖蛋白胨水培养液、蛋白胨水培养基、甲基红试剂、VP 试剂（分甲液和乙液，甲液为 6% α-萘酚，乙液为 40% KOH 溶液）、肌酸、西蒙氏柠檬酸盐培养基、吲哚试剂、柠檬酸铁铵培养基等。

（3）仪器及材料：试管、培养皿、移液管等。

【操作步骤】

1. 糖类发酵实验

细菌体内含有分解不同糖（醇、苷）类的酶，因而分解各种糖（醇、苷）类的能力也不一样。有些细菌分解某些糖（醇、苷）产酸（符号为＋）、产气（符号为○），培养基由蓝变黄（指示剂溴麝香酚蓝遇酸由蓝变黄的结果），并有气泡；有些产酸，仅培养基变黄；有些不分解糖类（符号为-），培养基不变色（图2-16）。

图2-16 糖类发酵实验

（1）编号。取葡萄糖、蔗糖、乳糖培养液各4支，分别注明①大肠埃希菌、②产气肠杆菌、③普通变形杆菌、④空白对照。

（2）接种。如用液体发酵培养基，则用接种环挑少量菌种（培养18～24h）于相应编号的试管中。如用半固体糖发酵培养基，则用穿刺法接种，然后在琼脂柱上盖7～8mm厚的石蜡凡士林或2%琼脂（预先灭菌）。接种菌的糖发酵培养基置于37℃恒温培养箱中培养24h或72h后观察结果。

（3）观察结果。与空白对照管比较，如培养基保持原有颜色，则表明该菌不能利用某种糖，用"-"表示；如培养基变黄色，则表明该菌能分解某种糖产酸，用"＋"表示；如果半固体琼脂柱内有气泡，琼脂破裂或出现凡士林层或2%琼脂向上顶起等现象，都表明该菌能分解糖产酸并产气，用"⊕"表示。

2. 乙酰甲基甲醇实验（VP实验）

某些细菌在葡萄糖蛋白胨水培养基中能分解葡萄糖产生丙酮酸，丙酮酸脱羧生成乙酰甲基甲醇，后者在强碱环境下被空气中的氧氧化为二乙酰，二乙酰与蛋白胨中的胍基生成红色化合物，称VP实验阳性。

（1）编号：取葡萄糖蛋白胨水培养液各4支，分别注明①大肠埃希菌、②产气肠杆菌、③普通变形杆菌、④空白对照。实验3～实验6编号同此。

（2）接种：按编号接种，置于37℃恒温培养箱中培养24～48h。

（3）观察：取4支空试管，分别注明①、②、③、④，然后从①、②、③菌液培养管和

图2-17 乙酰甲基甲醇实验

空白对照管中分别取培养液约2mL于上述空试管中，并加入等量NaOH（40%），混匀，再用牙签挑少许肌酸（0.5～1mg），加到各试管中，然后激烈振荡各试管，以保持良好通气。经15～30min后进行观察，培养液呈红色者为阳性反应（图2-17）。

3. 甲基红实验（MR实验）

肠杆菌科各菌属都能发酵葡萄糖，在分解葡萄糖过程中产生丙酮酸，丙酮酸进一步分解中，由于糖代谢的途径不同，可产生乳酸、琥珀酸、乙酸和甲酸等大量酸性产物，

可使培养基 pH 值下降至 4.5 以下，使甲基红指示剂变红。

VP 实验和 MR 实验都要用到葡萄糖蛋白胨水培养基，可同时进行两种测定实验。除了吸取 2mL 培养液用于 VP 实验外，在剩余的培养液中各加 2～3 滴甲基红试剂，混匀后进行观察，若培养液变成红色即表明 MR 实验为阳性，用"＋"表示；若培养液仍呈黄色，则 MR 实验为阴性，用"－"表示（图 2-18）。

4. 靛基质（吲哚）实验

某些细菌能分解蛋白胨中的色氨酸生成吲哚。吲哚可用显色反应检测出来。吲哚与对二甲氨基苯甲醛结合，可形成玫瑰吲哚，为红色化合物。

（1）编号。取蛋白胨水培养液 4 支，分别注明①、②、③、④。

（2）接种。用接种环挑取少量菌苔，分别接种至相应编号的培养液中，置 37℃恒温培养箱中培养 24～48h。

（3）观察。于各试管中加入乙醚 0.5～1mL（约 10 滴），充分振荡，使吲哚萃取至乙醚中，静置分层。沿壁加入数滴吲哚试剂，如有吲哚存在，则乙醚层出现玫瑰红色，此即阳性反应，以"＋"表示；若为阴性，则用"－"表示（图 2-19）。

图 2-18　甲基红实验　　　　　　　图 2-19　靛基质（吲哚）实验

5. 柠檬酸盐利用实验

某些细菌能利用柠檬酸盐作为碳源，利用磷酸铵作为氮源，将柠檬酸盐分解为二氧化碳，培养基反应后呈碱性，由于指示剂的作用，培养基变为蓝色。

（1）编号。取 4 支西蒙氏柠檬酸盐培养基，分别注明①、②、③、④。

（2）接种。按编号接菌种，然后置 37℃恒温培养箱中培养 24～48h。

（3）观察。如培养基变为蓝色，则表明该菌能利用柠檬酸盐作为碳源生长，即为阳性反应，以"＋"表示；如培养基仍为绿色则为阴性反应，以"－"表示（图 2-20）。

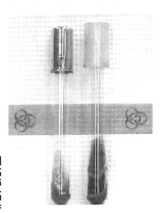

彩图　图 2-20　柠檬酸盐利用实验

6. H₂S 产生实验

某些细菌能分解培养基中的含硫氨基酸（如胱氨酸、半胱氨酸）产生硫化氢，硫化氢遇铅或亚铁离子则形成黑褐色的硫化铅或硫化铁沉淀。

（1）编号。取柠檬酸铁铵直立柱培养基 4 支，分别注明①、②、③、④。

（2）接种。按编号用穿刺接种法接种，置 37℃ 恒温培养箱中培养 24~48h。

（3）观察。观察穿刺线上及试管基部是否有黑色出现。如有黑色出现则为阳性反应，以"＋"表示；如无黑色出现则表明不产生 H_2S，以"－"表示。

7. 尿素酶实验

有些细菌能产生尿素酶将尿素分解，产生 2 分子的氨可使培养基变为碱性，使酚红指示剂呈粉红色。尿素酶不是诱导酶，因为不论底物尿素是否存在，细菌均能合成此酶。其活性最适 pH 值为 7.0。

实验方法：挑取大量 18~24h 待试菌培养物接种于液体培养基管中，摇匀，于 36℃ ±1℃ 培养 10min、60min 和 120min，分别观察结果。或涂布并穿刺接种于琼脂斜面，不要到达底部，留底部做变色对照。培养 2h、4h 和 24h 后分别观察结果，如结果为阴性则应继续培养至 4d 再做最终判定，变为粉红色则为阳性（图 2-21）。

8. 三糖铁（TSI）琼脂实验（图 2-22）

三糖铁培养基为半固体培养基，核心成分为三糖：乳糖、蔗糖、葡萄糖；铁为硫酸亚铁铵；指示剂为酚红。制成高层斜面，先划斜面，再穿刺接种菌种。若培养物产生 H_2S，则出现黑色（硫化铁）；若培养物能够利用乳糖或蔗糖发酵产酸，则斜面和底层变黄。若培养物只能利用葡萄糖产酸，则斜面被先变黄，但生成的少量酸接触空气而被氧化，加之细菌利用培养基中含氮物质生成碱性产物，故使斜面后来又变红；底部由于处在厌氧状态下，酸类不被氧化，所以仍保持黄色。

图 2-21　尿素酶实验

彩图

图 2-22　三糖铁（TSI）琼脂实验

彩图

【总结】

1. 结果记录

将生理生化实验结果填入表 2-11。

表 2-11 生理生化实验测定结果

测试项目	糖发酵实验			乙酰甲基甲醇实验	甲基红实验	靛基质（吲哚）实验	柠檬酸盐利用实验	H₂S 产生实验
	葡萄糖	乳糖	蔗糖					
大肠埃希菌								
产气肠杆菌								
普通变形杆菌								
空白对照								

2. 注意事项

（1）在测定 MR 实验的结果时，甲基红指示剂不可加得太多，以免出现假阳性反应。

（2）接种前必须仔细核对菌名和培养基，以免弄错。

（3）配制蛋白胨水（靛基质培养基）时，宜选用含色氨酸的蛋白胨，否则将影响产吲哚的阳性率。

 思考与拓展

1. 思考

（1）VP 实验测定中为什么要加入 NaOH 和肌酸，它们各有什么作用？

（2）哪些生理生化实验可用于鉴别大肠埃希菌和产气肠杆菌，各有何反应？

（3）大肠埃希菌和产气肠杆菌分解葡萄糖所生成的产物有何不同？

（4）为什么做各项生理生化实验时要有空白对照？

2. 拓展

掌握其他肠道致病菌的主要生理生化反应。

第六节 培养基制作技术

☞ **知识目标** 了解配制微生物培养基的原理及培养基的种类。

☞ **能力目标** 掌握配制细菌通用培养基的一般方法和操作方法。

☞ **职业素养** 能正确进行灭菌器皿的包扎，培养基的配制。

【理论知识】

1. 培养基的定义

培养基是人工配制的适合于不同微生物生长繁殖或积累代谢产物的营养基质。它是进行科学研究、发酵生产微生物制品等的基础。

2. 配制培养基的基本原则

配制微生物培养基时，主要考虑以下几个因素。

1）符合微生物的营养特点

不同的微生物对营养有着不同的要求，所以在配制培养基时，首先要明确培养基的用途，如用于培养何种微生物，培养的目的如何，是用于培养菌种还是用于发酵生产，发酵生产的目的是获得大量菌体还是获得次级代谢产物等，根据不同的菌种及不同的培养目的确定营养成分及比例。

营养成分的要求主要是指碳素和氮素的性质，如果是自养型的微生物，主要考虑无机碳源物质，如果是异养型的微生物，主要考虑有机碳源物质；除碳源物质外，还要考虑加入适量的无机矿物质元素；有些微生物菌种在培养时还要求加入一定的生长因子，如很多乳酸菌在培养时，要求在培养基中加入一些氨基酸和维生素等才能很好地生长。

除营养物质要求外，还要考虑营养成分的比例适当，其中碳素营养与氮素营养的比例很重要。C/N 是指培养基中所含碳原子的摩尔浓度与氮原子的摩尔浓度之比。不同的微生物要求不同的 C/N，同一菌种，在不同的生长时期对 C/N 也有不同的要求。一般 C/N 在配制发酵生产用培养基时，要求比较严格，C/N 对发酵产物的积累影响很大。一般在发酵工业上，对于发酵用种子的培养，培养基的营养越丰富越好，尤其是氮源要丰富，而对以积累次级代谢产物为发酵目的的发酵培养基，则要求提高 C/N 值，提高碳素营养物质的含量。

2）适宜的理化条件

除营养成分外，培养基的理化条件也直接影响微生物的生长和正常代谢。

（1）pH 值。微生物一般都有它们适宜生长的 pH 值范围，细菌的最适 pH 值一般为 7～8，放线菌要求 pH 值为 7.5～8.5，酵母菌要求 pH 值为 3.8～6.0，霉菌的适宜 pH 值为 4.0～5.8。

由于微生物在代谢过程中不断地向培养基中分泌代谢产物，从而影响培养基的 pH 值变化。对于大多数微生物来说，主要产生酸性产物，所以在培养过程中常引起 pH 值下降，影响微生物的生长繁殖速度。为了尽可能地减缓培养过程中 pH 值的变化，在配制培养基时，要加入一定量的缓冲物质来调节培养基的 pH 值。常用的缓冲物质主要有以下两类。

① 磷酸盐类。以缓冲液的形式发挥作用，通过磷酸盐的不同程度的解离，对培养基 pH 值的变化起到缓冲作用。

② 碳酸钙。以备用碱的方式发挥缓冲作用。碳酸钙在中性条件下的溶解度极低，加入培养基后，由于其在中性条件下几乎不解离，所以不影响培养基 pH 值的变化。当微生物生长，培养基的 pH 值下降时，碳酸钙就会不断地解离，游离出碳酸根离子，碳酸根离子不稳定，与氢离子形成碳酸，最后释放出 CO_2，在一定程度上缓解了培养基 pH 值的降低。

（2）渗透压。由于微生物细胞膜是半透膜，外有细胞壁起到机械性保护作用，故要求其生长的培养基具有一定的渗透压。当环境中的渗透压低于细胞原生质的渗透压时，就会出现细胞的膨胀，轻者影响细胞的正常代谢，重者出现细胞破裂。当环境渗透压高于原生质的渗透压时，会导致细胞皱缩，细胞膜与细胞壁分离，即所谓质壁分离现象。只有等渗条件最适宜微生物的生长。

3）经济节约

配制培养基时，应尽量利用廉价并且易于获得的原料作为培养基的成分。特别是在工业发酵中，培养基用量很大，更应该考虑这一点，以便降低产品成本。

3. 培养基的分类

1）根据营养成分的来源划分

（1）天然培养基。其是利用一些天然的动植物组织器官和抽提物，如牛肉膏、蛋白胨、麸皮、马铃薯、玉米浆等制成的。优点是取材广泛，营养全面而丰富，制备方便，价格低廉，适用于大规模培养微生物。缺点是成分复杂，每批成分不稳定。实验室常用的牛肉膏蛋白胨培养基便是这种类型。

（2）合成培养基。其是利用已知成分和数量的化学物质配制而成的。此类培养基成分精确，重复性强，一般用于实验室进行营养代谢、分类鉴定和选育菌种等工作。其缺点是配制较复杂，微生物在此类培养基上生长缓慢，加上价格较贵，不宜用于大规模生产，如实验室常用的高氏 1 号培养基、察氏培养基。

（3）半合成培养基。其是用一部分天然物质作为碳、氮源及生长辅助物质，又适当补充少量无机盐类配制而成的，如实验室常用的马铃薯蔗糖培养基。半合成培养基应用最广，能使绝大多数微生物良好地生长。

2）根据物理状态划分

（1）液体培养基。其是把各种营养物质溶解于水中，混合制成水溶液，调节适宜的 pH 值，成为液体状态的培养基质。该培养基有利于微生物的生长和积累代谢产物，常用于大规模工业化生产、观察微生物生长特征及研究生理生化特性。

（2）固体培养基。一般采用天然固体营养物质，如马铃薯块、麸皮等作为培养微生物的营养基质，也有在液体培养基中加入一定量的凝固剂，如琼脂（1.5%～2.0%）、明胶等，煮沸冷却后，使其凝成固体状态。固体培养基常用来观察、鉴定和分离纯化微生物。

（3）半固体培养基。加入少量凝固剂（0.5%～0.8%的琼脂）则成半固体状态的培养基称为半固体培养基，常用来观察细菌的运动、菌种噬菌体的效价测定和保存菌种。

3）根据用途划分

（1）加富培养基。根据培养菌种的生理特性加入有利于该种微生物生长繁殖所需要的营养物质，该种微生物则会旺盛地大量生长，如加入血、血清、动植物组织提取液等以培养营养要求比较苛刻的异养微生物。加富培养基主要用于菌种的保存或用于菌种的分离筛选。

（2）选择培养基。其是根据某种或某一类微生物特殊的营养要求配制而成的培养基，如纤维素选择培养基。还有在培养基中加入对某种微生物有抑制作用，而对所需培养菌种无影响的物质，从而使该种培养基对某种微生物有严格的选择作用，如 SS 琼脂培养基，由于加入胆盐等抑制剂，对沙门氏菌等肠道致病菌无抑制作用，而对其他肠道细菌有抑制作用。

（3）鉴别培养基。其是指根据微生物的代谢特点通过指示剂的显色反应用以鉴定不同微生物的培养基。如远藤氏培养基中的亚硫酸钠能使指示剂复红醌式结构被还原而颜色变浅，但由于大肠埃希菌生长分解乳糖，产生的乙醛可使复红醌式结构恢复，从而使菌落中的指示剂复红重新呈现带金属光泽的红色，因而可与其他微生物区别开来。

【材料准备】

（1）无菌生理盐水的配制：称 0.85g NaCl 至盛有 100mL 蒸馏水的锥形瓶中，塞上棉塞，塞外包上一层牛皮纸，置高压蒸汽灭菌锅内在 121℃灭菌 20min 即为无菌生理盐水。

（2）试剂：蛋白胨、牛肉膏、NaCl、葡萄糖、酵母膏、胰蛋白酶解酪蛋白、刃天青液、半胱氨酸盐酸盐、琼脂、1mol/L NaOH、1mol/L HCl。

（3）仪器及材料：天平、称量纸、牛角匙、精密 pH 试纸、量筒、刻度搪瓷杯、试管、锥形瓶、血浆瓶玻璃漏斗、分装架、移液管及移液管筒、培养皿及培养皿盒、玻璃棒、烧杯、试管架、铁丝筐、剪刀、酒精灯、脱脂棉、普通棉花、线绳、牛皮纸或报纸、纱布、乳胶管、电炉、灭菌锅、干燥箱。

【操作步骤】

1. 配制异养菌培养基

（1）称量药品。配方：牛肉膏 0.3g，蛋白胨 1g，NaCl 0.5g，琼脂 1.5g，蒸馏水 100mL（pH 值 7.2～7.4）。

根据培养基配方依次准确称取各种药品，放入大小适当的烧杯中（琼脂不要加入），蛋白胨极易吸潮，故称量时要迅速。

（2）溶解。用量筒取一定量（约占总量的 1/2）的蒸馏水倒入烧杯中，在放有石棉网的电炉上小火加热，并用玻璃棒搅拌，以防液体溢出。待各种药品完全溶解后，停止加热，补足水分。如果配方中有淀粉，则先将淀粉用少量冷水调成糊状，并在火上加热搅拌，然后加足水分及其他原料，待完全溶化后，补足水分。

（3）调节 pH 值。初配好的牛肉膏蛋白胨培养液是微酸的，故需用 1mol/L NaOH 调pH 值至 7.2～7.4。为避免调节时碱性过强，应缓慢加入 NaOH 液，即要边滴加 NaOH 边搅匀培养液，然后用 pH 试纸测其 pH 值。

（4）熔化琼脂。固体或半固体培养基必须加入琼脂（按 1.5%计）。加入琼脂后，置电炉上一边搅拌一边加热，直至琼脂完全熔化后才能停止搅拌，并补足水分（水需预热）。注意控制火力不要使培养基溢出或烧焦。

（5）过滤分装。根据不同需要，可将已配好的培养基分装入试管或锥形瓶内，分装时注意不要使培养基沾污管口或瓶口，造成污染（图 2-23）。如操作不小心，培养基沾污管口或瓶口，可用镊子夹一小块脱脂棉，擦去管口或瓶口的培养基，并将脱脂棉弃去。

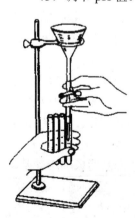

图 2-23　过滤分装

① 试管的分装。取一个玻璃漏斗，装在铁架台上，漏斗下连一根橡皮管，橡皮管下端再与另一玻璃管相接，橡皮管的中部加一弹簧夹。分装时，用左手拿住空试管中部，并将漏斗下的玻璃管嘴插入试管内，以右手拇指及食指放开弹簧夹，用中指及无名指夹住玻璃管嘴，使培养基直接流入试管内。装入试管培养基的量视试管大小及需要而定，若所用试管大小为 18mm×180mm，液体培养基可分装至试管高度的 1/4 左右；如分装固体或半固体培养基，在琼脂完全熔化后，应趁热分装于试管中，用于制作斜面的固体培养基的分装量为管高的 1/5（3～4mL），半固体培养基分装量以管高的 1/3 为宜。

② 锥形瓶的分装。用于振荡培养微生物时，可在 250mL 锥形瓶中加入 50mL 的液体培养基；用于制作平板培养基时，可在 250mL 锥形瓶中加入 150mL 培养基，再加入 3g 琼脂粉（按 2% 计算）。灭菌时瓶中琼脂粉同时被熔化。

（6）包扎标记。

① 棉塞的制作。为了培养好气性微生物，需提供优良的通气条件，同时为防止杂菌污染，必须对通入试管或锥形瓶内空气预先进行过滤除菌。通常采用的方法是在试管及锥形瓶口加上棉塞等。

制作棉塞时，应选用大小、厚薄适中的普通棉花一块，铺展于左手拇指和食指扣成的圆孔上，用右手食指将棉花从中央压入圆孔中制成棉塞，然后直接压入试管或锥形瓶口。也可借用玻璃棒塞入，或用折叠卷塞法制作棉塞（图 2-24 和图 2-25）。

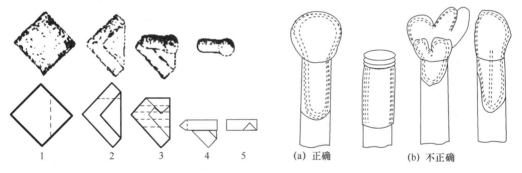

图 2-24　棉塞的制作　　　　　　　图 2-25　正确与不正确的棉塞

制作的棉塞应紧贴管壁，不留缝隙，以防外界微生物沿缝隙侵入，棉塞不宜过紧或过松，塞好后以手提棉塞，试管不下落为准。棉塞的 2/3 在试管内，1/3 在试管外。目前也有的采用硅胶塞代替棉塞直接盖在试管口上。

将装好培养基并塞好棉塞或硅胶塞的试管捆成一捆，外面包上一层牛皮纸。用记号笔注明培养基名称及配制日期，灭菌待用。

② 培养皿的包扎。培养皿由一盖一底组成一套，可用报纸将几套培养皿包成一包，或者将几套培养皿直接置于特制的铁皮圆筒内，加盖灭菌。包装后的培养皿须经灭菌之后才能使用。

③ 移液管的包扎。在移液管的上端塞入一小段棉花（勿用脱脂棉），它的作用是避免外界及口中杂菌进入管内，并防止菌液等吸入口中。塞入的棉花应距管口约 0.5cm，棉花自身长度为 1～1.5cm。塞棉花时，可用一外围拉直的曲别针将少许棉花塞入管口内。

棉花要塞得松紧适宜，吹气时以能通气而又不使棉花滑下为准。

先将报纸裁成宽约 5cm 的长纸条，然后将已塞好棉花的移液管尖端放在长条报纸的一端，约呈 45°角，折叠纸条包住尖端，用左手握住移液管身，右手将移液管压紧，在桌面上向前搓转，以螺旋式包扎起来。上端剩余纸条，折叠打结，准备灭菌 ［图 2-26（a）～（h）］。

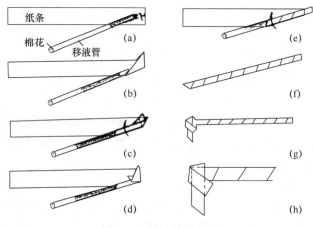

图 2-26　移液管的包扎

（7）灭菌。上述培养基应按培养基配方中规定的条件及时进行灭菌。普通培养基灭菌条件为121℃、20min，以保证灭菌效果和不损伤培养基的有效成分。

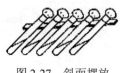

图 2-27　斜面摆放

（8）摆斜面。培养基经灭菌后，如需要制作斜面固体培养基，应待培养基冷却至 50～60℃（以防止搁置时斜面上出现过多的冷却水）后搁置成斜面（凝固前切莫移动试管）。斜面长度一般以不超过试管长度的 1/2 为宜（图 2-27）；半固体培养基灭菌后，垂直冷凝成半固体深层琼脂。

（9）倒平板。将已灭菌的琼脂培养基温度控制在 50℃左右后倾入无菌培养皿中。温度过高时，皿盖上的冷凝水会太多；温度低于 50℃，培养基易于凝固会无法制作平板。

无菌操作倒平板培养基的方法有持皿法和叠皿法 2 种（图 2-28）。

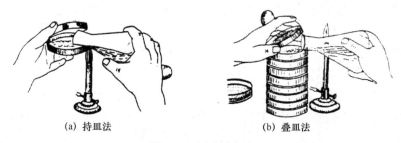

（a）持皿法　　　　　　　　（b）叠皿法

图 2-28　倒平板方法

① 持皿法。平板的制作应在火旁进行，左手拿培养皿，右手拿锥形瓶的底部或试管，同时用左手小指和手掌将棉塞打开，灼烧瓶口，用左手大拇指将培养皿盖打开一条

缝，至瓶口正好伸入，倾入 10～15mL 培养基。迅速盖好皿盖，置于桌上，轻轻旋转平皿，使培养基均匀分布于整个平皿中，冷凝后即成平板。

② 叠皿法。先将需倒入培养基的无菌培养皿叠放在煤气灯的左侧，尽量靠近火焰。用右手握住锥形瓶的底部，左手小指与无名指抠出瓶盖，然后再倒入平皿，随即将瓶口过火一周，然后用左手开启最上面一套培养皿的皿盖露一条缝，让锥形瓶口伸入并倒出培养液，盖上皿盖后再移至水平位置处待凝。依次倒完放在下层的各培养皿即可。在连续倒平板的操作过程中，含培养基的锥形瓶的瓶口应始终面朝煤气灯火焰（但切忌在火焰中灼烧），切莫让瓶口朝天，以免瓶内培养基被污染。

2. 配制厌氧菌培养基

（1）配方。葡萄糖 10g，蛋白胨 5g，酵母膏 10g，胰蛋白酶解酪蛋白 5g，生理盐水 10mL，0.025% 刃天青溶液 4mL，半胱氨酸盐酸盐 0.5g，琼脂 15g，水 1 000mL（pH 值 7.0，121℃灭菌 20min）。

（2）称药品。称取除半胱氨酸盐酸盐和溶液以外的各成分于烧杯中，加水溶解后，再加生理盐水和刃天青溶液，最后加半胱氨酸盐酸盐。

（3）调 pH 值。用 1mol/L NaOH 调 pH 值至 7.0。

（4）分装。取培养基 100mL 加入 150mL 容量的血浆瓶中，再加 1.5% 琼脂，旋紧瓶盖。

（5）灭菌。在每一血浆瓶塞上插一枚注射器的针头，放入高压蒸汽灭菌锅内，在 121℃灭菌 20min。灭菌完毕打开灭菌锅后应立即拔去针头，以减少冷却时空气溶入培养基中而增加溶解氧，在培养基冷却时若用高纯氮气维持瓶压，则培养基的无氧状态保持得更好。

（6）加热驱氧。灭菌后，随着放置时间的延长，则培养基中的溶解氧随之增加，因此在使用前必须把培养基放入沸水浴中加热以驱除溶解氧，即沸水浴至血浆瓶内刃天青溶液褪色至无色时才可使用。

【总结】

1. 结果记录

记录本实验配制培养基的名称、数量及其他灭菌物品的名称和数量。

2. 注意事项

（1）称药品用的各牛角匙不要混用；称完药品应及时盖紧瓶盖，瓶盖切莫张冠李戴，尤其是易吸潮的蛋白胨等更应注意及时盖紧瓶塞。

（2）调 pH 值时要小心操作，尽量避免回调而带入过多的无机物质。

（3）配制半固体或固体培养基时，琼脂的用量应根据市售琼脂的牌号而定，否则培养基的软硬程度也会影响某些实验的结果。

思考与拓展

1. 思考

（1）配制牛肉膏蛋白胨斜面培养基的操作步骤有哪些？哪几步易出差错？如何防止？

（2）常用于试管和锥形瓶口的塞子有几种？它们各自的适合范围与优缺点是什么？

（3）厌氧菌用的培养基通常分装在血浆瓶中，为何在灭菌时要在橡胶塞上插一枚针头？若不插排气针头，该采取何种措施分装与灭菌？

2. 拓展

（1）练习伊红亚甲蓝（EMB）培养基的配制。

（2）练习亚硫酸铋琼脂（BS）培养基的配制。

第七节　消毒与灭菌技术

> ☞ **知识目标**　掌握高压蒸汽灭菌的原理及其安全使用的注意事项，掌握电热烘箱的灭菌原理，掌握过滤除菌的原理，掌握紫外线杀菌原理，掌握化学消毒剂消毒灭菌原理。
>
> ☞ **能力目标**　熟练掌握玻璃器皿高压蒸汽灭菌的具体操作步骤与方法，掌握玻璃器皿干热灭菌法的操作要点，掌握薄膜细菌过滤器的操作方法，掌握无菌室熏蒸消毒、紫外线杀菌、乙醇消毒的方法。
>
> ☞ **职业素养**　能正确进行灭菌锅装料，控制灭菌温度和时间，使用电热烘箱等仪器。

一、玻璃器皿的灭菌

【理论知识】

高压蒸汽灭菌法是微生物学研究和教学中应用最广、效果最好的湿热灭菌方法。

1. 灭菌原理

高压蒸汽灭菌是在密闭的高压蒸汽灭菌器（锅）中进行的，其原理是：将待灭菌的物体置于盛有适量水的高压蒸汽灭菌锅内。把锅内的水加热煮沸，并把其中原有的冷空气彻底驱尽后将锅密闭。再继续加热就会使锅内的蒸汽压逐渐上升，从而温度随之上升到100℃以上。为达到良好的灭菌效果，一般要求温度应达到121℃（压力为0.1MPa），维持15～30min，也可采用在较低的温度（115℃，即0.075MPa）下维持35min的方法。

蒸汽压力与温度的关系见表 2-12。

表 2-12　蒸汽压力与温度的关系

蒸汽压力（表压）		蒸汽温度	
/（kg/cm²）	/MPa	/℃	/℉
0.00	0.00	100	212
0.25	0.025	107.0	224
0.50	0.050	112.0	234
0.75	0.075	115.0	240
1.00	0.100	121.0	250
1.50	0.150	128.0	262
2.00	0.200	134.5	274

在使用高压蒸汽灭菌器（锅）进行灭菌时，蒸汽灭菌器内冷空气的排除是否完全极为重要。因为空气的膨胀压大于水蒸气的膨胀压，所以当水蒸气中含有空气时，压力表所表示的压力是水蒸气压力和部分空气压力的总和，而不是水蒸气的实际压力，它所相当的温度与高压蒸汽灭菌器内的温度是不一致的。这是因为在同一压力下含空气的蒸汽的实际温度低于饱和蒸汽，见表 2-13。

表 2-13　空气排除程度与温度的关系

压力表读数/Pa	灭菌器内温度/℃				
	未排除空气	排除 1/3 空气	排除 1/2 空气	排除 2/3 空气	完全排除空气
35	72	90	94	100	109
70	90	100	105	109	115
105	100	109	112	115	121
140	109	115	118	121	126
175	115	121	124	126	130
210	121	126	128	130	135

由表 2-13 看出：如不将灭菌器（锅）中的空气排除干净，则实际温度达不到灭菌所需的温度。因此，必须将灭菌器（锅）内的冷空气完全排除，才能达到完全灭菌的目的。

在空气完全排除的情况下，一般培养基只需在 0.1MPa 下灭菌 30min 即可。但对某些体积较大或蒸汽不易穿透的灭菌物品，如固体曲料、土壤和草炭等，则应适当延长灭菌时间，或在蒸汽压力升到 0.15MPa 后保持 1～2h。

2. 灭菌设备

高压蒸汽灭菌的主要设备是高压蒸汽灭菌锅，有立式、卧式及手提式等不同类型。

实验室中以手提式最为常用。卧式灭菌锅常用于大批量物品的灭菌。不同类型的灭菌锅，虽大小、外形各异，但其主要结构基本相同。

高压蒸汽灭菌锅的基本构造如下。

（1）外锅或称"套层"，供储存蒸汽用，连有用电加热的蒸汽发生器，并有水位玻璃管以标示盛水量。外锅的外侧一般包有石棉或玻璃棉绝缘层以防止散热。若直接使用由锅炉接入的高压蒸汽，则外锅在使用时充满蒸汽，作内锅保温之用。

（2）内锅或称灭菌室，是放置灭菌物的空间，可配制铁算架以分放灭菌物品。

（3）压力表，一般外锅、内锅各 1 个，老式的压力表上标明 3 种单位，即公斤压力单位（kg/cm^2）、英制压力单位（lb/in^2，$1lb/in^2＝6.895kPa$）和温度单位（℃），以便于灭菌时参照。现在的压力表单位常用 MPa。

（4）温度计，可分为 2 种，一种是直接插入式的水银温度计，装在密闭的铜管内，焊插在内锅中；另一种是感应式仪表温度计，其感应部分安装在内锅的排气管内，仪表安装于锅外顶部，便于观察。

（5）排气阀，一般外锅、内锅各一个，用于排除空气。新型的灭菌器多在排气阀外装有汽液分离器（或称疏水阀），内有由膨胀盒控制的活塞。通过控制空气、冷凝水与蒸汽之间的温差控制开关，在灭菌过程中，可不断地自动排出空气和冷凝水。

（6）安全阀或称保险阀，利用可调弹簧控制活塞，超过额定压力即自动放气减压，通常为额定压力之下，略高于使用压力。安全阀只供超压时用于安全报警，不可在保温时用作自动减压装置。

（7）热源。除直接引入锅炉蒸汽灭菌外，都具有加热装置。近年来的产品以电热为主，即底部装有调控电热管，使用比较方便。有些产品无电热装置，则会附有打气煤油炉等。手提式灭菌器也可用煤炉作为热源。

【材料准备】

（1）样品：待灭菌物。

（2）仪器及材料：手提式高压蒸汽灭菌锅、电热烘箱。包扎玻璃器皿、灭菌专用铁盒。

【操作步骤】

（1）加水。使用前在锅内加入适量的水，加水不可过少，以防将灭菌锅烧干，引起炸裂事故。加水过多，有可能引起灭菌物积水。

（2）装料。将灭菌物品放在灭菌桶中，不要装得过满。盖好锅盖，按对称方法旋紧四周固定螺旋，打开排气阀。

（3）加热排放冷空气。加热后待锅内沸腾并有大量蒸汽自排气阀冒出时，维持 2～3min 以排除冷空气。如灭菌物品较大或不易透气，应适当延长排气时间，务必使空气充分排除，然后将排气阀关闭。

（4）保温保压。当压力升至 0.1MPa、温度达 121℃时，此时应控制热源。保持压力，维持 30min 后，切断热源。

（5）出锅。当压力表降至"0"处，稍停，使温度继续降至 100℃以下后，打开排气阀，旋开固定螺旋，开盖，取出灭菌物。注意，切勿在锅内压力尚在"0"点以上，温度也在 100℃以上时开启排气阀，否则会因压力骤然降低，造成培养基剧烈沸腾冲出管口或瓶口，污染棉塞，在后续培养实验中引起杂菌污染。

（6）保养。灭菌完毕取出物品后，将锅内余水倒出，以保持内壁及内胆干燥，盖好锅盖。

【总结】

1. 结果记录

将灭菌锅使用情况填入表 2-14。

表 2-14　灭菌锅使用记录

灭菌物品	压力/（kg/cm²）	灭菌温度/℃	是否有异常现象	如何预防和排除

2. 注意事项

（1）使用手提式高压蒸汽灭菌锅前应检查锅体及锅盖上的部件是否完好，并严格按操作程序进行，避免发生各类意外事故。

（2）灭菌时，操作者切勿擅自离开岗位，尤其是升压和保压期间更要注意压力表指针的动态，避免压力过高或安全阀失灵等诱发危害事故。同时应按培养基中营养成分的耐热程度来设置合理的灭菌温度与时间，以防营养成分被破坏。

（3）务必待锅压下降到"0"后再打开排气阀与锅盖，否则因锅内压力突然下降，使瓶装培养基或其他液体因压力瞬时下降而发生复沸腾，从而造成瓶内液体沾湿棉塞或溢出等事故。

（4）在放入灭菌桶前，切记应往锅体内加入适量的水，锅体内无水或水量不够等均会在灭菌时引起重大事故。

 思考与拓展

1. 思考

（1）高压蒸汽灭菌的原理是什么？是否只要灭菌锅压力表达到所需的值，锅内就能获得所需的灭菌温度？为什么？

（2）在手提式高压蒸汽灭菌锅的盖上有哪些部件，它们各起什么作用？

（3）进行高压蒸汽灭菌的操作有哪几个步骤？每一个步骤应注意哪些问题？

（4）试述干热灭菌的类型及其适用范围。

2. 拓展

（1）列举在使用手提式高压蒸汽灭菌锅时因操作不当导致产品出现的质量问题。

（2）练习对伊红亚甲蓝（EMB）培养基进行灭菌。

二、尿素溶液的过滤除菌

【理论知识】

控制液体中微生物的群体，可以通过将微生物从液体中移走而不是用杀死的方法来实现。通常所采用的做法是过滤除菌，即使用一些特殊的"筛子"（其筛孔直径比菌体更小），在液体通过"筛子"时，使微生物与液体分离。早年曾将硅藻土等料装入玻璃柱中，当液体流过柱子时，菌体因其所带的静电荷而被吸附在多孔的材料上，但现今已基本为膜滤器所替代。

膜滤器采用微孔滤膜作为材料，它通常由硝酸纤维素制成，可根据需要使之具有 $0.025 \sim 25 \mu m$ 不同大小的特定孔径。当含有微生物的液体通过孔径为 $0.2 \mu m$ 的微孔滤膜时，大于滤膜孔径的细菌等微生物不能穿过滤膜而被阻拦在膜上，与通过的滤液分离。微孔滤膜具有孔径小、价格低、可高压灭菌、滤速快及可处理大容量液体等优点。

过滤除菌可用于对热敏感液体的除菌，如含有酶或维生素的溶液、血清等。有些物质即使加热温度很低也会失活，而有些物质经辐射处理会造成损伤，此时，过滤除菌就成了唯一的可供选择的灭菌方法。过滤除菌还可用于啤酒生产中代替巴氏消毒。

使用 $0.22 \mu m$ 孔径的滤膜，虽然可以滤除溶液中存在的细菌，但病毒或支原体等仍可通过。必要时需使用小于 $0.22 \mu m$ 孔径的滤膜，但滤孔容易阻塞。过滤除菌装置如图 2-29 所示。

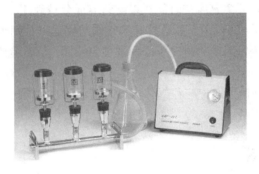

图 2-29　过滤除菌装置

【材料准备】

（1）样品：2%尿素水溶液。

（2）仪器及材料：薄膜细菌过滤器。

【操作步骤】

（1）薄膜细菌过滤器的清洗与灭菌。

（2）过滤装置预检测。

（3）尿素溶液的除菌：安装滤器→连接装置→加入滤样→负压抽滤→取样品收集管→拆清滤器→包装灭菌。

【总结】

注意事项：

（1）除菌溶液试样的含菌量或其所含微颗粒的多寡，直接影响抽滤时的滤速与效果。

（2）抽滤过程中应严防装置连接处出现渗漏现象。

思考与拓展

1. 思考

（1）过滤除菌的原理是什么？抽滤过程中应注意哪些环节？

（2）常见除菌装置有哪些？选用时应注意哪些问题？

2. 拓展

配制尿素酶琼脂培养基。

三、无菌室的消毒杀菌

【理论知识】

紫外线真空中波长范围为 10～400nm，其中波长在 260nm 左右的紫外线杀菌作用最强，紫外线灯是人工制造的低压汞灯，能辐射出波长主要为 253.7nm 的紫外线，杀菌能力强而且稳定。紫外线具有杀菌作用是因为它可以被蛋白质（波长为 280nm）和核酸（波长为 260nm）吸收，造成这些分子的变性失活。例如，核酸中的胸腺嘧啶吸收紫外线后，可以形成二聚体，导致 DNA 合成和转录过程中遗传密码阅读错误，引起致死突变。另外，空气在紫外线辐射下产生的臭氧（O_3）也有一定的杀菌作用，水在紫外线辐射下被氧化生成的过氧化氢（H_2O_2 和 $H_2O_2 \cdot O_3$）也有杀菌作用。紫外线穿透能力很差，不能穿过玻璃、衣物、纸张或大多数其他物体，但能够穿透空气，因而可以用于物体表面或室内空气的杀菌处理，在微生物学研究及生产实践中应用较广。紫外线灯的功率越大，效能越高。

紫外线的灭菌作用随其剂量的增加而加强，剂量是照射强度与照射时间的乘积。如果紫外线灯的功率和照射距离不变，可以用照射的时间表示相对剂量。紫外线对不同的微生物有着不同的致死剂量。根据照射定律，照度与光源的光强成正比，而与距离的二次方成反比。在固定光源的情况下，被照物体越远，效果越差，因此，应根据被照面积、距离等因素安装紫外线灯。在一般实验室、接种室、接种箱、手术室和药厂包装室等，均可利用紫外线灯杀菌。以普通小型接种室为例，其面积若按 $10m^2$ 计算，在工作台下方距地面 2m 处悬挂 1 只或 2 只 30W 紫外线灯，每次开灯照射 30min，就能使室内空气灭菌。照射前，适量喷洒苯酚或煤酚皂溶液等消毒剂，可加强灭菌效果。紫外线对眼黏膜及视神经有损伤作用，对皮肤有刺激作用，所以应避免在紫外线灯下工作，必要时需穿防护工作衣帽，并戴有色眼镜进行工作。

某些化学药剂可以抑制或杀死微生物，因而用于控制微生物的生长。依据作用性质，可将化学药剂分为杀菌剂和抑菌剂。杀菌剂是能破坏细菌代谢机能，并有致死作用的化学药剂，如重金属离子和某些强氧化剂等。抑菌剂并不破坏细菌的原生质，而只是阻抑新细胞物质的合成，使细菌不能增殖，如磺胺类及抗生素等。化学杀菌剂主要用于抑制或杀灭物体表面、器械、排泄物和周围环境中的微生物。抑菌剂常用于机体表面，如皮肤、黏膜、伤口等处防止感染，有的也用于食品、饮料、药品的防腐。杀菌剂和抑菌剂之间的界线有时并不很严格，如高浓度的苯酚（3%～5%）用于器皿表面消毒杀菌，而低浓度的苯酚（0.5%）则用于生物制品的防腐抑菌。理想的化学杀菌剂和抑菌剂应当作用快、效力高，但对组织损伤小，穿透性强且腐蚀小，配制方便且稳定，价格低廉易生产，并且无异味。真正完全符合上述要求的化学药剂很少，因此要根据具体需要，尽可能选择那些具有较多优良性状的化学药剂。此外，微生物种类、化学药剂处理微生物的时间长短、温度高低及微生物所处环境等，都影响化学药剂杀菌或抑菌的能力和效果。微生物实验室中常用的化学杀菌剂有升汞（$HgCl_2$）、甲醛、$KMnO_4$、乙醇、碘酒、龙胆紫、苯酚、煤酚皂溶液、漂白粉、氧化乙烯、β-丙内酯、过氧乙酸、新洁尔灭等。

【材料准备】

（1）试剂：甲醛溶液、$KMnO_4$溶液、氨水、75%乙醇。

（2）仪器及材料：工作台、紫外线灯。

【操作步骤】

1. 无菌室的氧化熏蒸消毒

先将室内打扫干净，打开进气孔和排气窗通风干燥后，重新关闭，进行熏蒸灭菌。常用的灭菌药剂为福尔马林（含37%～40%甲醛的水溶液）。按6～10mL/m³的标准计算用量，熏蒸液取出后，盛于铁制容器中，用电炉或酒精灯直接加热，应能随时在室外关闭热源；也可以加半量 $KMnO_4$，通过氧化作用加热，使福尔马林蒸发。熏蒸后应保持密闭12h以上。由于甲醛气体具有较强的刺激作用，所以在使用无菌室前1～2h，在一搪瓷盘内加入与所用甲醛溶液等量的氨水，放入无菌室，使其挥发中和甲醛，以减轻刺激作用。除甲醛外，也可用乳酸、硫黄等进行熏蒸灭菌。

2. 紫外灯空气消毒

打开无菌室中的超净工作台紫外线灯→关闭无菌室门→紫外线消毒 30min→关闭紫外线灯→打开日光灯、超净工作台鼓风 20min→检验人员进入无菌室操作。

【总结】

（1）使用紫外线灯时，注意观察紫外线灯是否正常，有异常情况及时反映，必要时进行更换。紫外线灯使用超过 2 000h 或效率降低至原来的 70% 时，应更换。

（2）开启紫外线灯时检验人员不得进入室内，以防灼伤眼睛及皮肤。关灯后 10min 才能进入工作间工作。

（3）固定的紫外线灯照射不到的房间死角或容器内壁，可用移动紫外线灯照射。

（4）无菌空气污染情况的检验：为了检验无菌室灭菌的效果以及在操作过程中空气的污染程度，需要定期在无菌室内进行空气中杂菌的检验。一是在灭菌后使用前，二是在操作完毕后。取牛肉膏蛋白胨琼脂和马铃薯蔗糖琼脂两种培养基的平板各 3 个，在无菌室使用前（或在使用后），揭开并放置在无菌室台面上，0.5h 后重新盖好，另一份不打开，用于检验对照，一并在 30℃ 下培养，48h 后检验有无杂菌生长及杂菌数量的多少。根据检验结果确定应采取的措施。无菌室灭菌后使用前检验时，应无杂菌。如果检验时长出的杂菌多为霉菌，表明室内湿度过高，应先通风干燥，再重新进行灭菌；如检验时长出的杂菌以细菌为主，则可采用乳酸熏蒸，效果较好。

第八节　微生物分离纯化技术

- ☞ **知识目标**　掌握菌种分离原理。
- ☞ **能力目标**　掌握划线分离操作、涂布平板分离操作。
- ☞ **职业素养**　了解相关微生物检验标准，掌握微生物分离纯化的基本操作技术。

【理论知识】

纯化培养是指只有一种微生物组成的细胞群体。自然环境中微生物是混杂在一起的，因此要进行分离以获得纯培养物。微生物分离纯化的基本原理：首先将单个细胞与其他细胞分离，进而提供细胞合适的营养和条件，使其生长成为可见的群体。进行微生物的分散主要采用稀释的方法。固体培养基由于能够使分散的细胞固着于一定的位置，与其他的细胞分离，从而生长成为一个单细胞来源的群体（即纯培养），所以成为常用而简便的分离介质和营养介质。

固体培养基分离纯培养物的方法根据稀释方法的差异和接种平板方式的差异而分为以下几种。

1）平板划线法

将合适的无菌培养基倒入无菌培养皿中，冷却后制备成平板并划线（图2-30）。

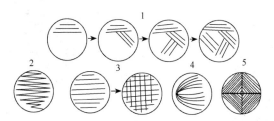

1—斜线法；2—曲线法；3—方格法；4—放射法；5—四格法。

图2-30　平板划线法

平板划线法中细胞的分离和稀释发生于接种环在固体平板表面的划线和移动过程中，产生的单个细胞在培养基表面生长的后代就是纯培养物。

2）倾注平板法和涂布平板法

这2种方法的共同点就是在将细胞接种到培养基之前，通过液体稀释的方法分散细胞，最常用的液体稀释方法为10倍系列稀释。

随着稀释程度的增大，单位体积中的微生物细胞数量减少，细胞得以分散。

倾注平板法的操作方法：选择细胞得以分散的合适稀释度的菌悬液与灭完菌冷却

到 50～55℃的培养基混合均匀，一起倒入无菌培养皿中，冷却形成平板后进行培养。

倾注平板法操作较麻烦。在进行微生物分离纯化时，该方法需要将样品与热的培养基混合，因此对热敏感微生物的影响明显。该方法操作过程中，样品中的微生物有的分布于平板表面，有的则裹在培养基中，后者会影响严格好氧微生物的生长。而且，对于同一种微生物，平板表面的菌落形态与培养基内的菌落形态会存在明显的差别，从而影响菌落形态的判别。在进行微生物计数时，采用该方法可使细胞分散均匀，计数较准确。

涂布平板法的操作方法：首先将灭完菌冷却到 50～55℃的培养基倒入无菌培养皿中冷却形成平板，然后选择细胞得以分散的合适稀释度的菌悬液，将其加到平板中央，以三角刮刀将之均匀地涂布于整个平板上进行培养。

涂布平板法操作相对简单，它克服了倾注平板法对热敏感微生物、严格好氧微生物和培养基内部菌落带来的不利影响，是实验室中经常使用的常规分离方法。其存在的问题是有时会由于菌液太多或者涂布不均匀而使细胞分散不充分，影响计数结果和分离纯化效果。

【材料准备】

（1）样品：混合菌种（大肠埃希菌和枯草芽孢杆菌）。

（2）试剂：牛肉膏蛋白胨琼脂培养基。

（3）仪器及材料：无菌培养皿、接种环等。

【操作步骤】

1. 涂布平板法（图 2-31）

浇制平板→菌种稀释→滴加菌液→涂布平板→平板培养→挑取菌落。

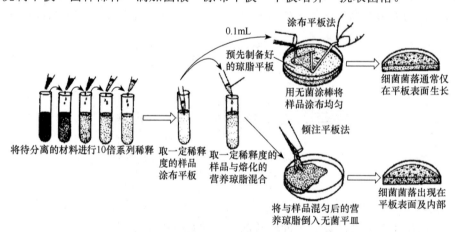

图 2-31　倾注平板法与涂布平板法操作流程

2. 倾注平板法（图 2-31）

培养皿编号→稀释菌样→吸取菌液→倒培养基→恒温培养→挑取菌落。

3. 平板划线法

（1）熔化培养基。将牛肉膏蛋白胨琼脂培养基放入水浴中加热至熔化。

（2）倒平板。待培养基冷却至 50℃左右，按无菌操作法倒入 2 只平板（每皿约 15mL），平置，待凝固。

倒平板的方法。右手持盛培养基的试管或锥形瓶置火焰旁边，用左手将试管塞或瓶塞轻轻地拔出，保持试管或瓶口对着火焰；然后用右手手掌边缘或小指与无名指夹住管（瓶）塞（也可将试管塞或瓶塞放在左手边缘或小指与无名指之间夹住。如果试管内或锥形瓶内的培养基一次用完，管塞或瓶塞则不必夹在手中）。左手拿培养皿并将皿盖在火焰附近打开一条缝，迅速倒入培养基约 15mL，加盖后轻轻摇动培养皿，使培养基均匀分布在培养皿底部，然后平置于桌面上，待凝固后即为平板。

（3）做分区标记。在皿底将整个平板划分成 A、B、C、D 4 个面积不等的区域。各区之间的交角应为 120°左右（平板转动一定角度，约 60°），以便充分利用整个平板的面积。采用这种分区法可使 D 区与 A 区划出的线条相平行，并可避免此两区线条相接触。

（4）划线操作。

平板划线分离流程（图 2-32）如下所述。

① 挑取含菌样品。选用平整、圆滑的接种环，按无菌操作法挑取少量菌种。

② 划 A 区。将平板倒置于煤气（酒精）灯旁，左手持皿底并尽量使平板垂直于桌面，有培养基一面向着煤气灯（这时皿盖朝上，仍留在煤气灯旁），右手拿

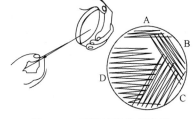

图 2-32　平板划线分离流程

接种环先在 A 区划 3～4 条连续的平行线（线条多少应依挑菌量的多少而定）。划完 A 区后应立即烧掉环上的残菌，以免因菌过多而影响后面各区的分离效果。在烧接种环时，左手持皿底并将其覆盖在皿盖上方（不要放入皿盖内），以防止杂菌的污染。

③ 划其他区。将烧去残菌后的接种环在平板培养基边缘冷却一下，并使 B 区转到上方，接种环通过 A 区（菌源区）将菌带到 B 区，随即划数条致密的平行线。再从 B 区做 C 区的划线。最后经 C 区做 D 区的划线，D 区的线条应与 A 区平行，但划 D 区时切勿重新接触 A 区和 B 区，以免将两区中浓密的菌液带到 D 区，影响单菌落的形成。随即将皿底放入皿盖中，然后烧去接种环上的残菌。

（5）恒温培养。将划线平板倒置，于 37℃（或 28℃）培养，24h 后观察。

【总结】

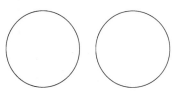

图 2-33　平板划线结果记录

1. 结果记录

（1）检查每个平板划线分离的结果，并绘制菌苔、菌落分布草图（图 2-33）。

（2）将涂布平板法和倾注平板法的结果记录在表 2-15 中。

表 2-15　涂布平板法和倾注平板法结果

菌落结果描述		倾注平板法			涂布平板法		
		10^{-4}	10^{-5}	10^{-6}	10^{-4}	10^{-5}	10^{-6}
每皿的菌数	大肠埃希菌						
	金黄色葡萄球菌						
分布描述							
形态特征							

2. 注意事项

（1）在倾注平板法中，注入的培养基不能太热，否则会烫死微生物；在混匀时，动作要轻巧，应多次上下、左右、顺或逆时针方向旋动。

（2）做涂布的平板，琼脂含量可适当高些。倒平板时培养基不宜太烫，否则易在平板表面形成冷凝水，导致菌落扩散或蔓延。

（3）用于平板划线的培养基，琼脂含量宜高些（2%），否则会因平板太软而被划破。

 思考与拓展

1. 思考

（1）试比较倾注平板法和涂布平板法的优缺点和应用范围。
（2）用平板划线法进行纯种分离的原理是什么？有何优点？

2. 拓展

分离酿酒酵母菌和黏红酵母菌的混合培养斜面菌种。

第九节　细菌、霉菌接种技术

☞ **知识目标**　掌握菌种分离的原理。
☞ **能力目标**　正确掌握无菌操作法移接斜面菌种的步骤与方法，掌握霉菌的三点接种法。
☞ **职业素养**　能正确而熟练地进行划线接种、三点接种、穿刺接种等接种方法。

【理论知识】

1. 常用的接种方法

（1）划线接种。这是最常用的接种方法。划线接种即在固体培养基表面做来回直线形的移动，就可达到接种的目的。常用的接种工具有接种环、接种针等。在斜面接种和平板划线中就常用此法。

（2）三点接种。在研究霉菌形态时常用此法。此法是把少量的微生物接种在平板表面上呈等边三角形的三点，然后让它们各自独立形成菌落后，观察、研究它们的形态。除三点外，也有一点或多点进行接种的。

（3）穿刺接种。在保藏厌氧菌种或研究微生物的动力学时常采用此法。做穿刺接种时，使用的接种工具是接种针。采用的培养基一般是半固体培养基。做法是用接种针蘸取少量的菌种，沿半固体培养基中心向管底做直线穿刺，如某细菌具有鞭毛而能运动，则在穿刺线周围能够生长。

（4）浇混接种。该法是将待接的微生物先放入培养皿中，然后倒入冷却至45℃左右的固体培养基，迅速轻轻摇匀，这样菌液就得以稀释。待平板凝固之后，置于合适温度下培养，就可长出单个的微生物菌落。

（5）涂布接种。与浇混接种不同的是，先倒好平板，让其凝固，然后将菌液倒入平板上面，迅速用涂布棒在表面左右来回涂布，让菌液均匀分布，就可长出单个的微生物菌落。

（6）液体接种。从固体培养基中将菌洗下，倒入液体培养基中，或者从液体培养物中用移液管将菌液接至液体培养基中，或从液体培养物中将菌液移至固体培养基中，都可称为液体接种。

（7）注射接种。该法是用注射的方法将待接的微生物转接至活的生物体内，如人或其他动物中。常见的疫苗预防接种，就是用注射接种植入人体，来预防某些疾病。

（8）活体接种。活体接种是专门用于培养病毒或其他病原微生物的一种方法，因为病毒必须接种于活的生物体内才能生长繁殖。所用的活体可以是整个动物；也可以是某个离体活组织，如猴肾等；还可以是发育的鸡胚。接种的方式可以是注射，也可以是拌料喂养。

2. 无菌操作

培养基经高压灭菌后，用经过灭菌的工具（如接种针和吸管等）在无菌条件下接种含菌材料（如样品、菌苔或菌悬液等）于培养基上，这个过程称为无菌接种操作。在实验室检验中的各种接种必须是无菌操作。

实验台面不论是什么材料，一律要求光滑、水平。台面光滑，则便于用消毒剂擦洗；台面水平，则倒琼脂培养基时利于培养皿内平板的厚度保持一致。在实验台上方，空气流动应缓慢，杂菌应尽量少，其周围杂菌也应越少越好。为此，必须定期清扫室内，清扫时应关闭实验室的门窗，并用消毒剂进行空气消毒处理，尽可能地减少杂菌的数量。

空气中的杂菌在气流小的情况下会随着灰尘落下，所以接种时打开培养皿的时间应尽量短。用于接种的器具必须经干热或火焰等方式灭菌。接种环的火焰灭菌方法：将接种环在火焰上充分烧红（一边转动接种柄，一边使接种环慢慢地来回通过火焰 3 次），冷却，先接触一下培养基，待接种环冷却到室温后，方可用它来挑取含菌材料或菌体，并迅速地接种到新的培养基上。然后，将接种环从柄部至环端逐渐通过火焰灭菌，复原。不要直接烧环，以免残留在接种环上的菌体爆溅而污染周围空间。采用平板接种时，通常把平板的面倾斜，然后把培养皿的盖打开一条缝进行接种。在向培养皿内倒培养基或接种时，试管口或瓶壁外面不要接触皿底边，试管或瓶口应倾斜一下从火焰上通过。

【材料准备】

（1）样品：大肠埃希菌、黑曲霉。

（2）试剂：牛肉膏蛋白胨斜面培养基、马铃薯葡萄糖琼脂培养基。

（3）仪器及材料：接种环、恒温培养箱、无菌培养皿、标签等。

【操作步骤】

1. 大肠埃希菌斜面接种与培养

接种前的准备工作（贴上标签→旋松棉塞→点燃酒精灯）→接种操作（手持试管→灼烧接种环→拔出棉塞→管口过火与停留→接种操作→杀灭环上残留菌）→培养与观察→培养物后处理（图 2-34）。

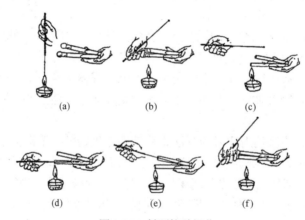

(a)　　　　　　(b)　　　　　　(c)

(d)　　　　　　(e)　　　　　　(f)

图 2-34　斜面接种操作

2. 黑曲霉三点接种与培养

倒平板→贴标签→标出三点→三点接种（无菌操作取菌样→带菌接种针的停留→取出平板皿底→三点接种）→培养→清洗。

【总结】

1. 结果记录

（1）将斜面划线接种后生长的培养物特征记录于表 2-16 中。

表 2-16　斜面划线接种培养物特征

菌名	划线状况（图示）	菌苔特征	有否污染

（2）将三点接种的菌落生长情况记录于表 2-17 中。

表 2-17　三点接种菌落生长情况

项目		黑曲霉
菌落生长情况（描述）		
菌落特征（描述）	菌落颜色	
	菌落形状	
	边缘形状	
	菌落正面是否有液滴及其颜色	

2. 注意事项

（1）接种时只需将环的前缘部位与菌苔接触后刮取少量菌体。划线接种是利用含菌环端部的菌体与待接斜面培养基表面轻度摩擦，并以流畅的线条将菌体均匀分布在划线线条上，切忌划破斜面培养基的表面或在其表面乱划。

（2）接种时接种针应尽量垂直于平板，轻快地将针尖的菌或孢子点接于平板表面，尽量不要刺破培养基，以防形成的单菌落形态不规则。

 思考与拓展

1. 思考

（1）要使斜面上接种线划得致密流畅且菌苔线条清晰可见，在接种时应注意哪几点？
（2）三点接种适用于哪一类微生物？要保证三点接种成功，应注意哪几点？

2. 拓展

（1）对金黄色葡萄球菌进行斜面接种与培养。
（2）对青霉菌进行三点接种与培养。

第三章 食品微生物检验总则

在食品微生物的检验过程中，采样和制样技术至关重要。只有掌握了正确的取样技术和样品传递、样品保存方法及样品的制备技术，保证样品从取样到制样整个过程中的一致性，才能得到准确的检验结果。如果样品不具有代表性，或在样品抽取、运送、保存或制备的过程中操作不当，就会使实验室检验结果变得毫无意义。

第一节 样 品 采 集

☞ **知识目标** 理解样品采集的原则。
☞ **能力目标** 正确掌握不同样品采集的方法。
☞ **职业素养** 掌握典型食品的采样方法。

在食品的检验中，所采样样品必须具有代表性，即所取样品能够代表食品的所有部分。食品的加工批号、原料情况（来源、种类、地区、季节等）、加工方法、运输和保藏条件、销售中的各个环节（如有无防蝇、防污染、防蟑螂及防鼠等设备）及销售人员的责任心和卫生认识水平等无不影响着食品的卫生质量。因此，要根据一小份样品的检验结果去说明一大批食品的卫生质量或一起食物中毒的性质，就必须周密考虑，设计出一种科学的取样方法。采用什么样的取样方法主要取决于检验的目的，目的不同，取样方法也不同。检验目的可以是判定一批食品合格与否，也可以是查找食物中毒的病原微生物，还可以是鉴定畜产品中是否有人畜共患的病原体。目前国内外使用的取样方案多种多样，如一批产品按百分比抽样，采若干个样后混合在一起检验；按食品的危害程度不同进行抽样等。不管采取何种方案，对抽样代表性的要求是一致的。最好对整批产品的单位包装进行编号，实行随机抽样。

一、采样方案

目前最为流行的抽样方案是国际食品微生物标准委员会（International Commission on Microbiological Specifications for Foods，ICMSF）推荐的采样方案和随机采样方案，每批货物的采样数量不得少于 5 件。

ICMSF 采样方案分为二级和三级采样方案。二级采样方案设有 n、c 值和 m 值，三级采样方案设有 n、c、m 值和 M 值。M 是附加条件后判定合格的菌数限量。n 指同一批次产品应采集样品件数；c 指最大可允许超出 m 的样品数；m 指微生物指标可接受水平的限量值；M 指微生物指标的最高安全限量值。

1. 二级采样方案

按照二级采样方案设定的指标，在 n 个样品中，允许有不多于 c 个样品的相应微生物指标检验值大于 m。自然界中的材料一般是按正态曲线分布，以其一点作为食品微生物的限量值，只设合格判定标准 m，超过 m 的，则为不合格品。通过检验是否超过 m，来判定该批样品是否合格。以生食海产品鱼为例，$n=5$，$c=0$，$m=10^2$CFU/g。$n=5$ 即采样 5 个，$c=0$ 即意味着在该批检验样中，未见到超过 m 的检验，则此批货物为合格品。

2. 三级采样方案

按照三级采样方案设定的指标，在 n 个样品中，允许全部样品中相应微生物指标检验值小于或等于 m；允许有不多于 c 个样品的相应微生物指标检验值介于 m 和 M 之间；不允许有样品相应微生物指标检验值大于 M。设有微生物标准 m 及 M 两个限量，同二级采样方案，超过 m 的检验，即算为不合格品。其中以 $m \sim M$ 的检验数作为 c，如果在此范围内，即为附加条件合格；超过 M 者，则为不合格。例如，冷冻生虾的细菌数标准 $n=5$，$c=3$，$m=10$CFU/g，$M=10^2$CFU/g，其意义是从一批产品中，取 5 个检验，允许不多于 3 个检样的菌数在 $m \sim M$，如果有 3 个以上检样的菌数是在 $m \sim M$，或任意 1 个检样的菌数超过 M 者，则判定该批产品为不合格品。再例如，$n=5$，$c=2$，$m=100$CFU/g，$M=1\,000$CFU/g，其含义是从一批产品中采集 5 个样品，若 5 个样品的检验结果均小于等于 m（$\leqslant 100$CFU/g），则这种情况是允许的；若不多于两个样品的结果（X）位于 $m \sim M$（100CFU/g$<X\leqslant 1\,000$CFU/g），则这种情况也是允许的；若有 3 个及以上样品的检验结果位于 $m \sim M$，则这种情况是不允许的；若有任一样品的检验结果大于 M（$>1\,000$CFU/g），则这种情况也是不允许的。

在中等或严重危害的情况下使用二级采样方案，对健康危害低的则建议使用三级采样方案。ICMSF 按微生物指标的重要性和食品危害度分类后确定的采样方法见表 3-1。

表 3-1　ICMSF 按微生物指标的重要性和食品危害度分类后确定的采样方案

采样方案	指标重要性	指标菌	食品危害度		
			Ⅲ（轻）	Ⅱ（中）	Ⅰ（重）
三级方案	一般	大肠菌群	$n=5$ $c=3$	$n=5$ $c=2$	$n=5$ $c=1$
		大肠埃希菌			
		葡萄球菌			
	中等	金黄色葡萄球菌	$n=5$ $c=2$	$n=5$ $c=1$	$n=5$ $c=1$
		蜡样芽孢杆菌			
		产气荚膜梭菌			

续表

采样方案	指标重要性	指标菌	食品危害度		
			Ⅲ（轻）	Ⅱ（中）	Ⅰ（重）
二级方案	中等	沙门氏菌	$n=5$ $c=0$	$n=10$ $c=0$	$n=20$ $c=0$
		副溶血性弧菌			
		致病性大肠埃希菌			
	严重	肉毒梭菌	$n=15$ $c=0$	$n=30$ $c=0$	$n=60$ $c=0$
		霍乱弧菌			
		伤寒沙门氏菌			
		副伤寒沙门氏菌			

二、样品种类

样品可分大样、中样、小样 3 种。大样是指一整批样品；中样是指从样品各部分取得的混合样品，定型包装及散装食品均采样 250g；小样是指分析用的样品，又称为检样，检样一般为 25g。

三、采样方法

采样必须在无菌操作下进行。采样用具如探子、铲子、药匙、采样器、剪子、镊子、开罐器、广口瓶、试管、刀子等必须是灭过菌的。

根据样品种类，如袋装、瓶装或罐装食品，应采用完整的未开封的样品；如果样品很大，则需用无菌操作采集样品；固体粉末样品，应边取边混合；液体样品通过振摇混匀；检样是冷冻食品，应保持冷冻状态（可放在冰内、冰箱的冰盒内或低温冰箱内保存），非冷冻食品需在 0～5℃ 中保存。

1. 液体样品的采样

将样品充分混匀，无菌操作开启包装，用 100mL 无菌注射器抽取，放入无菌容器。

2. 半固体样品的采样

无菌操作开启包装，用灭菌匙从几个部位挖取样品，放入无菌容器。

3. 固体样品的采样

大块整体食品应用无菌刀具和镊子从不同部位取样，并兼顾表面和深度，注意样品的代表性。小块、大包装食品应从不同部位的小块上切取样品，放入无菌容器。样品是固体粉末，应边采样边混合。

4. 冷冻食品的采样

大包装小块冷冻食品的采样应按大小分别采取。大块冷冻食品可以用无菌刀从不同部位削取样品或用无菌小手锯从冻块上锯取样品，也可以用无菌钻头钻取碎样品，然后放入无菌容器。

固体样品和冷冻食品取样时还应考虑检验目的，若需检验食品污染情况，可取表层样品；若需检验其品质情况，应取深部样品。

5. 生产工序监测采样

（1）液体。自来水样应从车间各水龙头中采取冷却水，汤料应从车间容器不同部位用 100mL 无菌注射器抽取。

（2）车间台面、用具及操作人员的卫生监测。用 5cm² 板孔的无菌采样板及 5 支无菌棉签擦拭 25cm² 区域。若所采表面干燥，则用无菌稀释液湿润棉签后擦拭；若表面有水，则用干棉签擦拭，擦拭后立即将棉签头用无菌剪刀剪入盛样容器。

（3）车间空气采样。将 5 个直径 90mm 的普通营养琼脂平板分别置于车间的四角和中部，打开平皿盖 5min，然后盖上平皿盖送检。

四、采样数量

根据不同的食品种类，采样数量有所不同，见表 3-2。

表 3-2　各种样品的采样数量

检样种类	采样数量		备注
肉及肉制品	生肉：取屠宰后两腿内侧肌或背最长肌 250g		要在容器的不同部位采样
	脏器：根据检验目的而定		
	光禽：每份样品 1 只		
	熟肉制品：熟禽、肴肉、烧烤肉、肉灌肠、酱卤肉、熏煮火腿，取 250g		
	熟肉干制品：肉松、油酥肉松、肉松粉、肉干、肉脯、肉糜脯、其他熟肉干制品等，取 250g		
乳及乳制品	鲜乳：250mL		每批样品按千分之一采样，不足千件者采样 250g
	干酪：250g		
	消毒、灭菌乳：250mL		
	奶粉：250g		
	稀奶油、奶油：250g		
	酸奶：250g（mL）		
	全脂炼乳：250g		
	乳清粉：250g		
蛋品	巴氏消毒冰全蛋、冰蛋黄、冰蛋白：每件各采样 250g		一日或一班生产为一批，检验沙门氏菌按 5%采样，每批不少于 3 个检样；测定菌落总数和大肠菌群：每批按装罐过程前、中、后流动采样 3 次，每次 100g，每批合为一个检样
	巴氏消毒全蛋粉、蛋黄粉、蛋白片：每件各采样 250g		
	皮蛋、糟蛋、咸蛋等：每件各采样 250g		
水产食品	鱼、大贝甲类：每个为一件（不少于 250g）		—
	小虾蟹类（不少于 250g）		

检样种类	采样数量	备注
水产食品	鱼糜制品：鱼丸、虾丸等（不少于250g）	—
	即食动物性水产干制品：鱼干、鱿鱼干（不少于250g）	
	腌醉制生食动物性水产品、即食藻类食品：每件样品均取250g	
罐头	可采取下述方法之一： 1. 按杀菌锅采样 （1）低酸性食品罐头杀菌冷却后采样两罐；3kg以上大罐，每锅抽样1罐； （2）酸性食品罐头每锅抽1罐，一般一个班的产品组成一个检验批，各锅的样罐组成一个样批组。每批每个品种采样基数不得少于3罐。 2. 按生产班（批）次采样 （1）采样数为1/6 000，尾数超过2 000者增采一罐，每班、（批）每个品种不得少于3罐； （2）某些产品班产量较大，则以3 000罐为基数，其采样数按1/6 000，30 000罐以上的按1/20 000，尾数超过4 000罐者增采1罐； （3）个别产品量过小，同品种同规格可合并班次为一批取样，但并班总数不超过5 000罐，每个批次样数不得少于3罐	产品如按锅分堆放，在遇到由于杀菌操作不当引起问题时，也可以按锅处理
冷冻饮品	冰棍、雪糕：每批不得少于3件，每件不得少于3支	班产量20万支以下者，一班为一批；以上者以工作台为一批
	冰淇淋：原装4杯为1件，散装250g	
	食用冰块：每件样品采样250g	
饮料	瓶（桶）装饮用纯净水：原装一瓶（不少于250mL）	—
	瓶（桶）装饮用水：原装一瓶（不少于250mL）	
	茶饮料、碳酸饮料、低温复原果汁、含乳饮料、乳酸菌饮料、植物蛋白饮料、果蔬汁饮料：原装一瓶（不少于250mL）	
	固体饮料：原装1瓶和（或）1袋（不少于250g）	
	可可粉固体饮料：原装1瓶和（或）1袋（不少于250g）	
	茶叶：罐装取1瓶（不少于250g），散装取250g	
调味品	酱油：原装1瓶（不少于250mL）	—
	酱：原装1瓶（不少于250mL）	
	食醋：原装1瓶（不少于250mL）	
	袋装调味料：原装1瓶（不少于250g）	
	水产调味料：鱼露、蚝油、虾油、虾酱、蟹酱（蟹糊）等原装1瓶（不少于250g或250mL）	
糕点、蜜饯、糖果	糖果、糕点、饼干、面包、巧克力、淀粉糖（液体葡萄糖、麦芽糖饮品、果葡糖浆等）各采样250g	—
	蜂蜜、胶姆糖、果冻、食糖等每件样品各采样250g（mL）	
酒类	鲜啤酒、熟啤酒、葡萄酒、果酒、黄酒等瓶装2瓶为1件	—

续表

检样种类	采样数量	备注
非发酵豆制品及面筋、发酵豆制品	非发酵豆制品及面筋：定型包装采样 1 袋（不少于 250g）	—
	发酵豆制品：原装 1 瓶（不少于 250g）	
粮谷及果蔬类食品	膨化食品、油炸小食品、早餐谷物、淀粉类食品等：定型包装取 1 袋（不少于 250g），散装取 250g	—
	方便面：定型包装取 1 袋和（或）1 碗（不少于 250g）	
	速冻预包装面、米食品：定型包装采样 1 袋（不少于 250g），散装取 250g	
	酱腌菜：定型包装取 1 瓶（不少于 250g）	
	干果食品、烘炒食品：定型包装取 1 袋（不少于 250g），散装采样 250g	
果冻	采样 250g	—
酱腌菜	采样 250g	—
速冻预包装面、米食品、麦片	采样 250g	—

 思考与拓展

（1）食品检验样品采集的原则有哪些？

（2）如何确定样品的采集数量？

（3）如何选择合适的采样方案？

（4）某批生食海产品鱼中的副溶血弧菌标准为 $n = 5$、$c = 0$、$m = 10^2$ MPN/g。该批检样中是否检测到副溶血弧菌？

第二节　样品标记和运送

- ☞ **知识目标**　理解样品标记与运送的原则。
- ☞ **能力目标**　正确掌握不同样品标记和运送的方法。
- ☞ **职业素养**　掌握典型食品的标记与运送方法。

采样过程中应对所取样品进行及时、准确的标记。取样结束后，应由取样人写出完整的采样报告。样品应尽可能在原有状态下迅速送至检验室。

一、样品的标记

（1）当样品需要托运或由非专职取样人员运送时，必须封好样品容器。

（2）采样后应立即贴上标签，每件样品必须标记清楚（如编号、样品名称、生产日期、产品批号、产品数量、存放数量、存放条件、采样时间、采样人姓名、现场情况）。标记应牢固并具有防水性，确保字迹不会被擦掉或脱色。采样标签记录如图 3-1 所示。

×××××× 采样单

样品编号：＿＿＿＿＿　产品名称：＿＿＿＿＿　规格型号：＿＿＿＿＿　注册商标：＿＿＿＿＿

生产厂家：＿＿＿＿＿　通信地址：＿＿＿＿＿＿＿＿＿＿＿＿＿　邮政编码：＿＿＿＿＿

采样地点：＿＿＿＿＿＿＿＿＿　采样日期：＿＿＿＿＿　采样基数：＿＿＿＿＿

生产日期：＿＿＿＿＿＿＿＿＿　　批号：＿＿＿＿＿＿＿＿＿

产品依据标准：＿＿＿＿＿＿＿＿＿

检验目的：＿＿＿＿＿＿＿＿＿　检测项目：＿＿＿＿＿＿＿＿＿

采样人仔细阅读以下句子，然后签字：

　　我认真负责地填写了该样品采样单，承认以上填写的合法性，被该采样单位所证实的样品系按照采样方法取得的，该样品具有代表性、真实性和公正性。

代表单位（章）

签字：

日期：　　年　　月　　日

备注：

图 3-1　采样标签记录

二、样品的运送

采样后，在检样送检过程中，要尽可能保持原有的物理和微生物状态，不要因送检过程而引起微生物的减少或增多。为此可采取以下措施。

（1）用无菌方法采样后，用无菌容器装样品，装样后尽可能密封，以防止环境中的微生物进一步污染样品。

（2）进行微生物学检验的样品，送检实验室时越快越好，一般不应超过 3h。若路途遥远，可将不需冷冻的样品，保持在 1～5℃ 环境中送检，可采用冰桶等装置；若需保持在冷冻状态（如已冷冻的样品），则需将样品保存在泡沫塑料隔热箱内，箱内可置干冰，使温度维持在 0℃ 以下，或采用其他冷藏设备。

（3）送检样品不得加入任何防腐剂。

（4）水产品因含水量较多，体内酶的活力较旺盛，易于变质。因此，采样后应在 3h 内送检，在送检途中一般都应加冰保存。

（5）对于某些检验易死亡病原菌的样品，在运送过程中可采用运送培养基。如进行小肠结肠炎耶氏菌、空肠弯曲菌等菌检验的送检样，可插于 Cary-Blair 氏运送培养基中送检。

三、样品的保存

实验室接到样品后应在 36h 内进行检测（贝类样品通常要在 6h 内检测）。对不能立即检测的样品，要采取适当的方式保存（表 3-3），使样品在检测之前维持取样的状态，即样品的检测结果能够代表整个产品。实验室应有足够和适当的样品保存设施（冰箱或冰柜等）。

表 3-3　样品保存方式

食品	储存方式
烘焙类食品	
即食面包、面包卷、小圆面包	冷冻
冷藏或冷冻未熟面包、面包卷、小圆面包	冷冻
冷冻的甜食和饼干	冷冻
即食饼	冷冻
冷藏或冷冻面团	冷冻
饼干	冷冻
其他面包及面包产品	冷冻
奶油蛋羹及奶油甜食	冷冻
饮料及饮料原材料	
水	冷藏
软饮料	冷藏
速溶咖啡	冷藏
咖啡果	冷藏
速溶茶饮料	冷藏
糖果	
巧克力及可可制品	室温
糖果及糖果制品	室温
口香糖	室温
糖浆和糖蜜	冷藏
蜂蜜	冷藏
液体糖	冷冻
干燥糖	冷冻
乳制品	
黄油	冷藏
黄油制品（油）	冷藏
奶油	冷藏
干酪	冷冻
奶酪产品	冷冻
流质全脂乳	冷藏
流质乳产品	冷藏

续表

食品	储存方式
乳制品	
浓缩流质乳产品	冷藏
人造乳制品	冷藏
干缩全乳	室温
脱脂干乳	室温
酪蛋白	室温
冰淇淋	冷冻
冰乳	冷冻
冰冻果子露	冷冻
冰淇淋配料	冷冻
冰牛乳配料	冷冻
蛋及蛋制品	
流质蛋和冷冻蛋及蛋制品	冷冻
干燥蛋及蛋制品	室温
去壳蛋	冷藏
鱼类、贝类及海鲜	
冻鱼	冷冻
鲜鱼	冷冻
罐装鱼	冷藏
干鱼	冷冻
其他鱼（鱼酱、鱼子）	冷冻
冻贝	冷冻
鲜贝	冷冻
罐装贝	冷藏
干贝	冷冻
海鲜产品（螃蟹肉、开胃品）冷冻	冷冻
青蛙腿	冷冻
熏鱼	冷冻
熏扇贝	冷冻
熏甲壳类	冷冻
面粉及面粉制品	
通心面	室温
面条	室温
脆饼干、油炸土豆片	室温
面粉	室温
玉米粉	室温
精制干奶粉、鸡蛋粉配料	室温

续表

食品	储存方式
水果、水果汁及水果制品	
鲜水果	冷藏
冷冻水果	冷冻
罐装水果	冷藏
干果	冷藏
水果汁	冷藏
冻果汁	冷冻
果酱、果冻及酱状食品	冷藏
无花果酱	冷藏
橄榄	冷藏
谷类及谷类食品	
早餐谷类食品	室温
未加工的粮食及豆类	冷藏
大米	室温
麦片	室温
婴儿食品	
婴幼儿谷类食品	冷藏
以牛乳为原料的脱水婴儿食品	冷藏
以牛乳为原料的液体食品	冷藏
罐装婴儿食品	冷藏
肉类及禽类	
肉及肉类食品	冷冻
禽及禽类食品	冷冻
各种副产品	
含油种子（棉子粗粉）	冷藏
屠宰动物副产品（骨粉）	冷藏
鱼及海产品副产品（鱼粉）	冷藏
家禽及家禽副产品	冷藏
水果及蔬菜副产品	冷藏
乳副产品	冷藏
谷类副产品	冷藏
坚果及坚果制品	
坚果	冷藏
坚果制品	冷藏
宠物食品和动物饲料	
干动物饲料	冷藏
湿动物饲料	冷冻
罐装动物饲料	冷藏

续表

食品	储存方式
宠物食品和动物饲料	
干宠物食品	冷藏
湿宠物食品	冷冻
罐装宠物食品	冷藏
加工和精制食品	
干配料	室温
干布丁配料	室温
冷冻食品	冷冻
罐装食品	冷藏
精制色拉	冷冻
罐装汤	冷藏
脱水食品	冷藏
凝胶（干）	室温
酵母（干）	室温
香料及调味品	
所有香料	室温
五味粉	室温
混合香料	室温
调味品浸膏	冷藏
精油	冷藏
提取物原料	冷藏
色拉调料	冷藏
干色拉配料	冷藏
其他调味料	冷藏
蔬菜及蔬菜制品	
新鲜蔬菜	冷冻
冷冻蔬菜	冷冻
罐装蔬菜	冷藏
干蔬菜	室温
腌菜	冷藏
植物油	冷藏

（1）保存的样品应进行必要和清晰的标记，内容包括样品名称、样品描述、样品批号、企业名称、地址、取样人、取样时间、取样地点、取样温度（必要时）、测试目的等。

（2）常规样品若不能及时检验，可置于4℃冰箱冷藏保存，但保存时间不宜过长（一般要在36h内检验）。

（3）冰冻食品要密闭后置于冷冻冰箱（通常为-18℃），检测前要始终保持冷冻状态，防止食品暴露在 CO_2 气体中。

（4）易腐败的非冷冻食品检测前不应冷冻保存（除非不能及时检测）。如需要短时间保存，应在 0～4℃冷藏保存。但应尽快检验（一般不应超过 36h），因为保存时间过长会造成食品中冷细菌生长和嗜温细菌死亡。非冷冻的贝类食品的样品应在 6h 内进行检测。

（5）样品在保存过程中应保持密封，防止引起样品 pH 值的变化。

（6）对样品的储存过程进行记录。

 ## 思考与拓展

1. 思考

（1）保存的样品应进行必要的清晰的标记，标记的内容包括哪些？

（2）样品的运输过程中应采用哪些保护措施，以保证样品的微生物指标不发生变化？

2. 拓展

易腐样品应如何进行保存？

第三节 样品处理

- ☞ **知识目标** 理解样品处理的原则。
- ☞ **能力目标** 正确掌握不同样品的处理方法。
- ☞ **职业素养** 掌握典型食品的处理方法。

由于食品种类多，来源复杂，各类预检样品并不是拿来就能直接检验，要根据食品种类的不同性状，经过预处理后制备稀释液才能进行有关的各项检验。样品处理好后，应尽快检验。

一、肉与肉制品检验预处理

（1）鲜肉检验的处理。先将检样进行表面消毒（在沸水内烫 3～5s 或灼烧消毒），再用无菌剪子取检样深层肌肉，放入无菌乳钵内用灭菌剪子剪碎后，称取 25g。

（2）鲜、冻家禽检样的处理。先将检样进行表面消毒，用灭菌剪子或刀去皮后，剪取肌肉 25g（一般可从胸部或腿部剪取）。其他处理同生肉。带毛野禽去毛后，同家禽检样处理。

（3）各类熟肉制品检样的处理。直接切取或称取 25g，其他处理同鲜肉。

（4）腊肠、香肠等生灌肠检样的处理。先对生灌肠表面进行消毒，用灭菌剪子剪取内容物 25g，其他处理同鲜肉。

以上样品的采集和送检及检样处理的目的都是通过检样肉禽及其制品内的细菌含量而对其质量鲜度做出判断。如需检验肉禽及其制品受外界环境污染的程度或检验其是否带有某种致病菌，则常采用下面介绍的棉拭采样法：检验肉禽及其制品受污染的程度，一般可用 5cm 的金属制作规格板压在受检样品上，将灭菌棉拭稍沾湿，在板孔 5cm^2 的范围内揩抹多次，然后将规格板孔移压另一点，用另一棉拭揩抹，如此共移压揩抹 10 个点，总面积 50cm^2，共用 10 支棉拭。每支棉拭在揩抹完毕后应立即剪断或烧断后投入盛有 50mL 灭菌水的锥形瓶或大试管中，立即送检。检验时充分振摇，吸取瓶（管）中的液体作为原液，再按要求做 10 倍递增稀释。

如果检验的目的是检查是否带有致病菌，则不必用规格板，在可疑部位用棉拭揩抹即可。

二、乳与乳制品检验预处理

（1）鲜乳、酸奶。塑料或纸盒（袋）装产品，应用 75% 酒精棉消毒盒盖或袋口；玻璃瓶装酸奶以无菌操作去掉瓶口的纸罩、纸盒，瓶口经火焰消毒后，以无菌操作吸取检样 25mL。若酸奶有水分析出于表层，应先去除水分后再做稀释处理。

（2）炼乳。将炼乳或罐先用温水洗净表面，再用点燃的酒精棉对炼乳瓶或罐的上部进行消毒，然后用灭菌的开罐器打开炼乳瓶或罐，以无菌操作称取检样 25mL（g）。

（3）奶油。用无菌操作打开奶油的包装，取适量检样置于灭菌锥形瓶内，在 45℃ 水浴或恒温培养箱中加温，溶解后立即将烧瓶取出，用灭菌吸管吸取奶油 25mL 放入另一含 225mL 灭菌生理盐水或灭菌奶油稀释液的锥形瓶内（瓶装稀释液应预置于 45℃ 水浴中保温，制作 10 倍递增稀释液时也用相同的稀释液），振摇均匀。从检样熔化到接种完毕的时间不应超过 30min。

（4）奶粉。罐装奶粉的开罐取样法同炼乳处理，袋装奶粉应用 75% 的酒精棉涂擦消毒袋口，按无菌操作开封取样，称取检样 25g，放入装有适量玻璃珠的灭菌锥形瓶内，将 225mL 温热的灭菌生理盐水徐徐加入（先用少量生理盐水将奶粉调成糊状，再全部加入，以免奶粉结块），振摇使其充分溶解和混匀。

（5）干酪。先用灭菌刀削去部分表面封蜡，用点燃的酒精棉消毒表面，然后用灭菌刀切开干酪，以无菌操作切取表层和深层检样各少许，称取 25g。

三、蛋与蛋制品检验预处理

（1）鲜蛋、糟蛋、皮蛋外壳。用灭菌生理盐水浸湿的棉拭充分擦拭蛋壳，然后将棉拭直接放入培养基内培养，也可将整只鲜蛋放入灭菌小烧杯或平皿中，按检样要求加入定量灭菌生理盐水或液体培养基，用灭菌棉拭将蛋壳表面充分擦洗后，以擦洗液作为检样检验。

（2）鲜蛋蛋液。将鲜蛋在流水下洗净，待干后再用 75% 酒精棉消毒蛋壳，然后根据检验要求，打开蛋壳取出蛋白、蛋黄或全蛋液，放入带有玻璃珠的灭菌瓶内，充分摇匀检验。

（3）巴氏消毒全蛋粉、蛋白片、蛋黄粉。将检样放入带有玻璃珠的灭菌瓶内，按比例加入灭菌生理盐水，充分摇匀待检。

（4）巴氏消毒冰全蛋、冰蛋白、冰蛋黄。将带有冰蛋检样的瓶子浸泡于流动冰水中，待检样熔化后取。

四、水产品检验预处理

（1）鱼类。鱼类采取检样的部位为背肌。先用流水将鱼体体表冲净，去鳞，再用75%酒精棉擦净鱼背，待干后用灭菌刀在鱼背部沿脊椎切开5cm，再切开两端使两块背肌分别向两侧翻开，然后用无菌剪子剪取25g鱼肉。

（2）虾类。虾类采样的部位为腹节内的肌肉。将虾体在流水下冲净，摘去头胸节，用灭菌剪子剪除腹节与头胸部连接处的肌肉，然后挤出腹节内的肌肉，取25g放入灭菌乳钵内，以后操作同鱼类检样处理。

（3）蟹类。蟹类采样的部位为胸部肌肉。将蟹体在流水下冲净，剥去壳盖和腹脐，去除鳃条。再置流水下冲净。用75%酒精棉擦拭前后外塞，置灭菌搪瓷盘上待干。然后用灭菌剪子剪开成左右两片，再用双手将一片蟹体的胸部肌肉挤出（用手指从足跟一端向剪开的一端挤压），称取25g，置灭菌乳钵内。以后操作同鱼类检样处理。

（4）贝壳类。从缝中徐徐切入，撬开壳盖，再用灭菌镊子取出整个内容物，称取25g置灭菌乳钵内。以后操作同鱼类检样处理。

水产食品既会受到海洋细菌的污染也会受到陆上细菌的污染，检验时细菌培养温度一般为30℃。以上采样方法和检验部位均以检验水产食品肌肉内细菌含量从而判断其鲜度质量为目的。需检验水产食品是否带有某种致病菌时，其检验部位应按胃肠消化道和鳃等呼吸器官，鱼类检取肠管和鳃，虾类检取头胸节内的内脏和腹节外沿处的肠管，蟹类检取胃和鳃条，贝类中的螺检取腹足肌肉以下的部分，贝类中的双壳类检取覆盖在节足肌肉外层的内脏和瓣鳃。

五、饮料、冷冻饮品检验预处理

（1）瓶装饮料。用点燃的酒精棉灼烧瓶口灭菌，用苯酚纱布盖好。塑料瓶口可用75%酒精棉擦拭灭菌，用灭菌开瓶器将盖启开，含有CO_2的饮料倒入另一灭菌容器内，容器口勿盖紧，覆盖一灭菌纱布，轻轻摇晃。待气体全部逸出后，进行检验。

（2）冰棍。用灭菌镊子除去包装纸，将冰棍部分放入灭菌磨口瓶内，木棒留在瓶外，盖上瓶盖，用力抽出木棒，或用灭菌剪子剪掉木棒，置45℃水浴30min，溶化后立即进行检验。

（3）冰淇淋。放在灭菌容器内，待其溶化后立即进行检验。

六、调味品检验预处理

（1）瓶装样品。用点燃的酒精棉烧灼瓶口灭菌，用苯酚纱布盖好，再用灭菌开瓶器启开，袋装样品用75%酒精棉消毒袋口后进行检验。

（2）酱类。用无菌操作称取25g样品，放入灭菌容器内，加入灭菌蒸馏水225mL；吸取酱油25mL，加入灭菌蒸馏水225mL，制成混悬液。

（3）食醋。用200～300g/L灭菌苯酚钠溶液调pH值到中性。

七、冷食菜、豆制品检验预处理

定型包装样品：先用 75%酒精棉消毒包装袋口，用灭菌剪刀剪开后以无菌操作称取 25g 检样，放入 225mL 灭菌生理盐水之中，用均质器打碎 1min，制成混悬液。

八、糖果、糕点和蜜饯检验预处理

（1）糖果。用灭菌镊子夹取包装纸，称取数块共 25g，加入预温至 45℃的灭菌生理盐水 225mL，待溶解后检验。

（2）蜜饯。采取不同部位，称取 25g 检样。

（3）糕点（饼干）、面包。如为原包装，用灭菌镊子夹下包装纸，采取外部及中心部位；如带馅，共 25g；如为奶花糕点，采取奶花及糕点部分各一半，共 25g。

九、酒类检验预处理

（1）瓶装酒类。用点燃的酒精棉灼烧瓶口灭菌，用苯酚纱布盖好，再用灭菌开瓶器将盖启开，含有 CO_2 的酒类倒入另一灭菌容器内，口勿盖紧，覆盖一灭菌纱布，轻轻摇晃。待气体全部逸出后，进行检验。

（2）散装酒类。散装酒类可直接吸取，进行检验。

十、方便面（速食米粉）检验预处理

（1）未配有调味料的方便面（米粉）、即食粥、速食米粉。以无菌操作开封取样，称取样品 25g，加入 225mL 灭菌生理盐水制成 1∶10 的均质液。

（2）配有调味料的方便面（米粉）、即食粥、速食米粉。以无菌操作开封取样，将面（粉）块、干饭粒和全部调味料及配料一起称重，按 1∶1（kg/L）加入灭菌生理盐水，制成检样均质液。然后再量取 50mL 均质液加到 200mL 灭菌生理盐水中，制成 1∶10 的稀释液。

 思考与拓展

（1）如何对自来水或纯净水进行采样和检验处理？

（2）随机采样与代表性采样的优缺点各是什么？

（3）固体食品的处理方法有哪些？

第四节　检验与报告

☞ **知识目标**　理解食品卫生细菌学检验的项目和检验报告涵盖的内容。

☞ **能力目标**　正确掌握检验报告的内容、格式和遵循的准则。

☞ **职业素养**　能根据检测结果出具检测报告。

一、检验

检样处理后,按不同的检验项目及时进行检验。食品卫生微生物学检验,目前按国家标准中检验方法规定,如 GB 4789 系列标准,主要检验项目分为食品卫生细菌学检验和致病菌检验两大类。食品卫生细菌学检验和致病菌检验项目包括菌落总数测定和大肠菌群测定,致病菌检验项目包括肠道致病菌和致病球菌检验等。

GB 4789 系列标准中对同一检验项目有 2 种以上检验方法时,应以第一法为基准方法。

二、报告

按检验项目完成各类检验后,检验人员应及时填写检验报告单,签名后送主管人员核实签字,加盖单位印章,方具法律效力。

三、检验后样品的处理

检验结果报告后,被检样品方可处理。检出致病菌的样品要经过无害化处理;检验结果报告后,剩余样品或同批样品不进行微生物项目的复检。

 思考与拓展

(1)概述食品采样的一般原则和方案。

(2)样品根据其大小可分为几种?各有什么意义?

(3)怎样采样才能使其具有整体代表性?

(4)检样送检应坚持什么原则?采取哪些运送措施?

第四章 食品卫生细菌学检验技术

第一节 菌落总数检验技术

☞ **知识目标** 掌握菌落总数的概念及测定的意义。

☞ **能力目标** 熟练掌握 GB 4789.2—2022 中有关食品中菌落总数检测的操作步骤；填写正确的检验记录表，写出规范的检验报告。

☞ **职业素养** 培养分析问题、解决问题的综合能力。

【理论知识】

1. 菌落总数的定义

菌落总数是指样品经过处理，在一定条件下培养后（如培养基成分、培养温度和时间、pH 值、需氧性质等），单位质量（g）、容积（mL）或表面积（cm^2）检样中所含细菌菌落的总数。所得结果包括在方法规定的条件下生长的嗜中温的需氧和兼性厌氧菌。

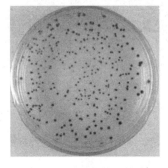

图 4-1 平板菌落计数法

每种细菌都有一定的生理特性，培养时只有分别满足不同的培养条件（如培养温度、培养时间、pH 值、需氧性质等），才能将各种细菌培养出来。但在实际工作中，细菌菌落总数的测定一般都只用一种常见方法，即平板菌落计数法（图 4-1），因而并不能测出每克或每毫升中的实际总活菌数，如厌氧菌、微嗜氧菌和嗜冷菌在此条件下不生长，有特殊营养要求的一些细菌也受到了限制。因此所得结果，只反映在普通营养琼脂中发育的、嗜温的、需氧和兼性厌氧的细菌菌落的总数。此外，菌落总数并不能区分细菌的种类，所以有时称为杂菌数或需氧菌数等。

食品检样中的细菌细胞是以单个、成双、链状、葡萄状或成堆的形式存在的，因而在平板上出现的菌落可以来源于细胞块，也可以来源于单个细胞。因此平板上所得需氧和兼性厌氧菌菌落数不应报告为活菌数，而应以单位质量、容积或表面积内的菌落或菌落形成单位数（colony forming units，CFU）报告。

2. 菌落总数检验的卫生学意义

（1）及时反映食品加工过程是否符合卫生要求，为被检食品卫生学评价提供依据。在我国的食品安全相关标准中，针对各类不同的食品分别制定了不允许超过的数量标准，借以控制食品污染的程度。

（2）判定食品被细菌污染的程度及卫生质量，可用来预测食品储藏期限（保质期）。菌落总数在一定程度上标识着食品卫生的质量。食品中细菌数量越多，说明食品被污染的程度越严重；相反，食品中细菌数量越少，说明食品卫生质量越好。如细菌数为 $10^5CFU/cm^2$ 的牛肉在 0℃时可存放 7d，而菌落数为 $10^2CFU/cm^2$ 时，在同样条件下可存放 18d；在 0℃时菌落数为 $10^5CFU/cm^2$ 的鱼可存放 6d，而菌落数为 $10^3CFU/cm^2$ 时，同样条件下存放时间可延长至 12d。

3. 检验方法

菌落总数的计数方法有很多种，包括直接法和间接法。直接法可分为平板计数法、还原试验法。间接法可分为 ATP 生物发光法、鲎试剂测定法、电阻抗测定法、发射测量法、接触酶测量法、微量量热法。

平板计数法是国家标准（GB 4789.2）采用的方法，其原理如下：样品经过稀释后，使样品悬液中的细菌分散存在，接种一定量（一般为 1mL）到培养基中，再加入适量培养基（约 15mL），充分混匀。微生物在培养基中分散而呈单个存在，一个菌体长出一个肉眼可见的菌落，计算菌落数可推出菌体数。最终以菌落形成单位数（CFU）报告。

平板计数法是国家制定的菌落总数测定方法，能反映多数食品的卫生质量，但对某些食品却不适用。如引起新鲜贝类食品变质的细菌常常是低温细菌，为了解这类食品的新鲜度，就必须采取低温培养。罐装食品中可能存在的细菌一般是嗜热菌，所以必须以测定嗜热菌的多少来判定含菌情况，即必须用较高的温度培养。

1）嗜冷菌的计数

采样后应尽快进行冷藏、检验。用无菌吸管吸取冷检样液 0.1mL 或 1mL 于表面已十分干燥的 MPC 琼脂（乳平板计数琼脂）平板上，然后用无菌 L 形玻璃棒涂布开来，放置片刻。然后放入培养箱，30℃培养 3d，观察并计数菌落。

2）嗜热菌（芽孢）计数

将 25g 检样加入盛有 225mL 无菌水的锥形瓶中，迅速煮沸 5min 以杀死细菌营养体及耐热性低的芽孢，然后将锥形瓶浸入冷水中冷却。

（1）平酸菌计数。在 5 个无菌培养皿中各注入 2mL 煮沸后冷却且已处理过的样品，用葡萄糖-胰蛋白琼脂倾注平板，凝固后在 50～55℃培养 48～72h，计算平板上菌落的平均数。

平酸菌在平板上的菌落为圆形，直径 2～5mm，具不透明的中心及黄色晕，晕很狭窄。产酸弱的细菌周围不存在或不易观察到黄色晕。平板从培养箱内取出后应立即进行计数，因为黄色会很快消退。如在 48h 后不易辨别是否产酸，则可培养 72h。

（2）不产生 H_2S 的嗜热性厌氧菌检验：将已处理的样品加入等量新制备的去氧肝汤（总量为 20mL）于试管中，以 2% 无菌琼脂封顶，先加热到 50～55℃，在 55℃培养 72h。当有气体生成（琼脂塞破裂，气体似干酪）时，可以认为有嗜热性厌氧菌存在。

（3）产生 H_2S 的嗜热性厌氧菌计数：将已处理的样品加入已熔化的亚硫酸盐琼脂试管中，共 6 份。将试管浸入冷水中，培养基固化后，加热到 50～55℃，然后在 55℃培养 48h。能产生 H_2S 的细菌会在亚硫酸盐琼脂试管内形成特征性的黑色小片（因为 H_2S 转化为 Fe_2S_3 等硫化物）。计算黑色小片数目。某些嗜热菌不生成硫化氢，但代之以生成还原性氢，使全部培养基变成黑色。

3）厌氧菌计数

将检样稀释液 1mL 注入已熔化并冷却至 45～50℃的硫乙醇钠琼脂管内，摇匀，倾注平板。冷凝后，在其上再叠一层 3%无菌琼脂，凝固后，在 37℃培养 96h，对菌落计数。

4）革兰氏阴性菌计数

倾注 15～20mL 平板计数用营养琼脂于无菌培养皿中，凝固后，吸注检样稀释液 0.1mL 于平板上，共 2 份。立即用 L 形无菌玻璃棒涂开，放置片刻，再叠一层已熔化并凉至 45～50℃的 VRB-MUG 琼脂 3～4mL，在 30℃培养 48h 后，对菌落计数。

4. Petrifilm^{TM}细菌总数试片法

1）原理

Petrifilm^{TM}测试片是美国 3M 公司发明的一种进行菌落计数的干膜，采用可再生的水合物材质，由上、下两层薄膜组成。上层聚丙烯薄膜含有黏合剂、指示剂及冷水可溶性凝胶；下层聚乙烯薄膜含有细菌生长所需的标准培养基。细菌具有脱氢酶，能使相应的底物脱氢而释放出氢离子，培养基中的 TTC（2,3,5-氯化三苯四氮唑）作为氢离子的受体，在接受氢离子后被还原为红色非溶解性产物——三苯基甲臜，从而使细菌着色，达到易观察、便于计数的目的。

2）操作要点

按菌落总数平板计数法的样品制备方法进行。

样品匀液的 pH 值应为 6.5～7.2，pH 值过低或过高时分别用 1mol/L NaOH 或 1mol/L HCl 予以调节。

将测试片置于平坦的实验台面，揭开上层膜，用吸管或微量移液器吸取稀释液 1mL，垂直滴加在测试片的中央，将上层膜缓慢盖下，允许上层膜直接落下，把压板（凹面底朝下）放置在上层膜中央，轻轻地压下，使样液均匀覆盖于圆形的培养区域上，拿起压板，静置至少 1min 以使培养基凝固，每个稀释度接种 2 张测试片。将测试片的透明面朝上置于培养箱内，堆叠片数不超过 20 片。36℃±1℃培养 48h±2h（水产品 30℃±1℃培养 72h±3h）。

3）报告

对红色菌落计数，优先选取菌落数在 25～250CFU 的测试片，计数方法同 GB 4789.2—2016。称重取样以 CFU/g 为单位报告，体积取样以 CFU/mL 为单位报告。

【材料准备】

（1）样品：待检样品。

（2）试剂：平板计数琼脂（plate count agar，PCA）培养基、无菌磷酸盐缓冲液、无菌生理盐水。

（3）仪器及材料：恒温培养箱（36℃±1℃，30℃±1℃）、冰箱（2～5℃）、恒温装置（48℃±2℃）、天平（感量为 0.1g）、均质器、振荡器、无菌吸管（1mL、10mL）或

微量移液器及吸头、无菌锥形瓶（容量为 250mL、500mL）、试管或无菌培养皿（直径
90mm）、pH 计或 pH 比色管（或精密 pH 试纸）、放大镜或菌落计数器。

【操作步骤】

图 4-2 所示为菌落总数检验程序，参照 GB 4789.2—2022。

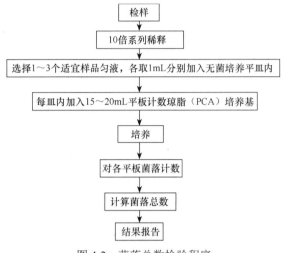

图 4-2　菌落总数检验程序

1. 样品的稀释

1）固体和半固体样品

称取 25g 预处理样品置于盛有 225mL 无菌磷酸盐缓冲稀释液或无菌生理盐水的无
菌均质杯内，8 000～10 000r/min 均质 1～2min，或放入盛有 225mL 稀释液的无菌均质
袋中，用拍击式均质器拍打 1min～2min，制成 1∶10 的样品匀液。

用 1mL 无菌吸管或微量移液器吸取 1∶10 的样品匀液 1mL，沿管壁缓慢注入盛有
9mL 稀释液的无菌试管中（注意吸管或吸头尖端不要触及稀释液面），振摇试管或换用
一支无菌吸管反复吹打使其混合均匀，制成 1∶100 的样品匀液。依次制备 10 倍系列稀
释样品匀液，每递增稀释一次，换用一次 1mL 无菌吸管或吸头。

根据对样品污染状况的估计，选择 1～3 个适宜稀释度的样品匀液，在进行 10 倍递
增稀释时，每个稀释度分别吸取 1mL 样品匀液加入两个无菌平皿内。同时分别取 1mL
稀释液加入两个无菌平皿做空白对照。

及时将 15～20mL 冷却至 46℃～50℃的平板计数琼脂培养基（可放置于 48℃±2℃
恒温装置中保温）倾注平皿，并转动平皿使其混合均匀（图 4-3）。

2）液体样品

以无菌吸管吸取 25mL 预处理样品置于盛有 225mL 无菌磷酸盐缓冲液或无菌生理盐
水的无菌锥形瓶（瓶内预置适当数量的无菌玻璃珠）中，充分混匀，或放入盛有 225mL
稀释液的无菌均质袋中，用拍击式均质器拍打 1min～2min，制成 1∶10 的样品匀液。

制备 10 倍系列稀释样品匀液，方法同固体样品。选择 1～3 个适宜稀释度的样品匀
液（可包括原液），在进行 10 倍递增稀释时，每个稀释度分别吸取 1mL 样品匀液加入
两个无菌平皿内。同时分别取 1mL 稀释液加入两个无菌平皿做空白对照。

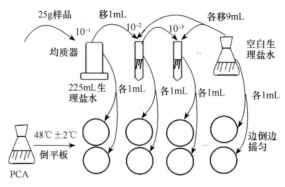

图 4-3　固体样品稀释流程

及时将15～20mL冷却至46℃～50℃的平板计数琼脂培养基（可放置于48℃±2℃恒温装置中保温）倾注平皿，并转动平皿使其混合均匀（图4-4）。

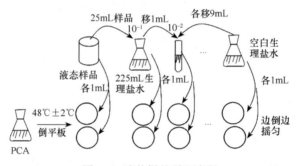

图 4-4　液体样品稀释流程

2. 培养

（1）水平放置待琼脂凝固后，将平板翻转，36℃±1℃培养48h±2h（水产品 30℃±1℃培养 72h±3h）。

（2）如果样品中可能含有在琼脂培养基表面弥漫生长的菌落，可在凝固后的琼脂表面覆盖一薄层琼脂培养基（约 4mL），凝固后翻转平板，按（1）条件进行培养。

3. 菌落计数

可用肉眼观察，必要时用放大镜或菌落计数器，记录稀释倍数和相应的菌落数量。菌落计数以菌落形成单位（CFU）表示。

选取菌落数在 30～300CFU、无蔓延菌落生长的平板计数菌落总数。小于 30CFU 的平板记录具体菌落数，大于 300CFU 的可记录为多不可计。

其中一个平板有较大片状菌落生长时，则不宜采用，而应以无片状菌落生长的平板作为该稀释度的菌落数；若片状菌落不到平板的一半，而其余一半中菌落分布又很均匀，即可计算半个平板后乘以 2，作为一个平板菌落数。

平板内如有链状菌落生长（菌落之间无明显界线），则应将每条链（不同来源）作为一个菌落计。

若只有一个稀释度平板上的菌落数在适宜计数范围内，计算两个平板菌落数的平均值再将平均值乘以相应的稀释倍数，作为每 1g（mL）中的菌落总数结果。

若有 2 个连续稀释度的平板菌落数在适宜计数范围内时，按下列公式计算：

$$N=\sum C / [n_1 + (0.1 \times n_2)] d$$

式中，N——样品中的菌落数；

$\sum C$——平板（含适宜范围菌落数的平板）菌落数之和；

n_1——第一个适宜稀释度的平板数；

n_2——第二个适宜稀释度的平板数；

d——稀释因子（第一稀释度）。

若所有稀释度的平板上菌落数均大于 300CFU，则对稀释度最高的平板进行计数，其他平板可记录为多不可计，结果按平均菌落数乘以最高稀释倍数计算。

若所有稀释度的平板上菌落数均小于 30CFU，则应按稀释度最低的平均菌落数乘以稀释倍数计算。

若所有稀释度平板均无菌落生长，则以小于 1 乘以最低稀释倍数报告菌落数。

若所有稀释度的平板上菌落数均不在 30～300CFU，其中一部分大于 300CFU 或小于 30CFU 时，则以最接近 30CFU 或 300CFU 的平均菌落数乘以稀释倍数计算。

4. 结果报告

菌落数在 100CFU 以内时，按"四舍五入"原则修约，以整数报告。
大于或等于 100CFU 时，第 3 位数字采用"四舍五入"原则修约后，采取两位有效数字，后面用 0 代替位数；也可以用 10 的指数形式来表示，此时也按"四舍五入"原则修约，采用两位有效数字。

若空白对照上有菌落生长，则此次检测结果无效。

称重取样以 CFU/g 为单位报告（体积取样以 CFU/mL 为单位报告）。

菌落计数方法举例见表 4-1。

表 4-1 菌落计数方法举例

| 例次 | 不同稀释度的平均菌落数/（CFU/g 或 CFU/mL） | | | | 菌落计数方法 | 结果报告/（CFU/g 或 CFU/mL） |
	10^{-1}	10^{-2}	10^{-3}	空白		
1	1 468、1 432	176、172	20、22	0、0	$\dfrac{176+172}{10^{-2}+10^{-2}}$	17 000
2	1 102、1 008	较大片状菌落生长、284	46、42	0、0	$\dfrac{284+46+42}{10^{-2}+10^{-3}+10^{-3}}$	31 000
3	1 289、1 303	271、273	60、76	2、0	空白长菌	检测结果无效

例次	不同稀释度的平均菌落数/（CFU/g 或 CFU/mL）				菌落计数方法	结果报告/（CFU/g 或 CFU/mL）
	10^{-1}	10^{-2}	10^{-3}	空白		
4	多不可计、多不可计	1 550、1 345	511、498	0、0	$\dfrac{511+498}{10^{-3}+10^{-3}}$	500 000
5	28、26	10、12	7、3	0、0	$\dfrac{28+26}{10^{-1}+10^{-1}}$	270
6	0、0	0、0	0、0	0、0	$<1\times10$	$<1\times10$
7	多不可计、多不可计	303、305	18、16	0、0	$\dfrac{303+305}{10^{-2}+10^{-2}}$	30 000

【总结】

1. 结果记录

将菌落总数检验结果填入表 4-2。

表 4-2　菌落总数检验结果

样品名称					分析日期	
室温/℃		相对湿度/%			培养时间	
样品编号	执行标准	卫生标准/（CFU/g 或 CFU/mL）	实验数据			结果/（CFU/g 或 CFU/mL）	结论
			第一次	第二次	第三次	空白	
测定依据：			计算公式：			备注：	

2. 注意事项

（1）检验中使用的所有玻璃器皿，如培养基、吸管、试管等必须是完全灭菌的，并在灭菌前彻底洗涤干净，不得残留抑菌物质。

（2）用作样品稀释的液体，每批都要有空白对照。如果在琼脂对照平板上出现几个菌落，要追加对照平板，以判断是将空白稀释液用于倾注平皿的培养基，还是平皿、吸管或空气可能存在的污染。营养琼脂底部带有沉淀的部分应弃去。

（3）检样的稀释液可用灭菌盐水或蒸馏水。如果对含盐量较高的食品（如酱品等）进行稀释，则宜采用蒸馏水。

（4）注意每递增稀释 1 次，必须另换 1 支 1mL 灭菌吸管，这样所得检样的稀释倍数才准确。吸管在进出装有稀释液的玻璃瓶和试管时，不要触及瓶口及试管口的外侧，因为这些部分都可能接触过手或其他污物。

（5）在做 10 倍递增稀释中，吸管插入检样稀释液内时不能低于液面 2.5cm；吸入液体时，应先高于吸管刻度，然后提起吸管尖端离开液面，将尖端贴于玻璃瓶或试管的内壁将吸管内液体调至所要求的刻度。这样取样较准确，而且在吸管从稀释液内取出时不会有多余的液体黏附于管外。当用吸管将检样稀释液加至另一装有 9mL 空白稀释液的管内时，应小心沿壁加入，不要触及管内稀释液，以防吸管尖端外侧黏附的检液混入其中。

（6）为了防止细菌增殖及产生片状菌落，在检液加入平皿后，应在 20min 内倾入培养基，并立即使其混合均匀。混合时，可将皿底在平面上先前后左右摇动，然后按顺时针方向和逆时针方向旋转，以使其充分混匀。混合过程中应小心，不要使混合物溅到皿边的上方。

（7）皿内琼脂凝固后，将平皿翻转，防止冷凝水落到培养基表面，以避免菌落蔓延生长。

（8）为了控制和了解污染情况，在取样进行检验的同时，于工作台上打开一块琼脂平板，其暴露的时间，应与该检样从制备、稀释到加入平皿时所暴露的最长时间相当，然后与加有检样的平皿一并置于恒温培养箱内培养，以了解检样在检验操作过程中有无受到来自空气的污染。

（9）培养温度应根据食品种类而定。肉、乳、蛋类食品用 37℃培养，水产品用 30℃培养，培养时间为 48h±2h。其他食品，如清凉饮料、调味品、糖果、糕点、果脯、酒类（主要为发酵酒）、豆制品和酱腌菜培养温度均为 37℃，培养 24h±2h。培养温度和时间之所以不同，是因为在制定这些食品卫生标准中关于菌落总数的规定时，分别采用了不同的温度和培养时间所取得的数据。水产品因来自淡水或海水，水底温度较低，故制定水产品细菌方面的卫生标准时，用 30℃作为培养的温度。

（10）加入平皿内的检样稀释液（特别是 10^{-1} 的稀释液），有时带有食品颗粒，在这种情况下，为了避免与细菌发生混淆，可做一检样稀释液与琼脂混合的平皿，不经培养，而于 4℃环境中放置，以便在计数检样菌落时用作对照；也可利用 TTC 解决，45℃，每 100mL 平板计数琼脂培养基加 1mL0.5%的 TTC，细菌因有还原能力，菌落呈红色，而食品颗粒不带红色。此方法在检验芝麻酱和沙拉酱时非常有用。

（11）如果稀释度大的平板上的菌落数反比稀释度小的平板上的菌落数高，则是检验工作中发生的差错，属于实验事故。此外，也可能因抑制剂混入样品中所致，均不可作为检样计数报告的依据。

（12）检样如果是微生物类制剂（如酸牛奶、酵母制酸性饮料），则平板计数中应相应地将有关微生物（乳酸杆菌、酵母菌）排除，不可并入检样的菌落总数内做报告。一般在校正检样的 pH 值至 7.6 后，再进行稀释和培养，此类嗜酸性微生物往往不易生长，且可以用革兰氏染色鉴别。染色鉴别时，要用不校正 pH 值的检样做成相同稀释度的稀释液培养所生成的菌落涂片染色作为对照，以此辨别。酵母菌为卵圆形，远比细菌大，大小为（2～5）μm×（3～5）μm，革兰氏染色呈阳性。乳酸杆菌在 24h 内，于普通营养琼脂平板上在有氧条件下培养，通常是不生长的。

（13）矿泉水和自来水等的检测，一般不进行稀释，直接取样进行平板计数琼脂培养。

（14）水产品、蜂蜜等产品中微生物具有琼脂表面爬行特点，造成培养基表面弥漫生长，可在凝固后的琼脂表面覆盖约 4mL 琼脂培养基。当平板上出现菌落有明显界线的链状生长，表示由于昆虫爬行造成事故。

思考与拓展

1. 思考

（1）平板菌落总数测定法的原理是什么？它适用于哪些微生物的计数？

（2）菌液样品移入培养皿后，若不尽快倒入培养基并充分摇匀，将会出现什么结果？

（3）要完成项目，哪几步最为关键？为什么？

（4）平板菌落总数测定法与显微镜直接计数法相比，有何优缺点？

（5）仔细观察计数平板，试比较长在平板表面和内层的菌落各有何不同？为什么？

2. 拓展

（1）检测纯净水样品中菌落总数。

（2）检测熟肉制品中菌落总数。

第二节　大肠菌群检验技术

> ☞ **知识目标**　了解 GB 4789.3—2016 检验原理，掌握大肠菌群检测的意义。
> ☞ **能力目标**　熟练掌握食品中大肠菌群检测的操作步骤；正确填写检验报告，写出规范的检验报告。
> ☞ **职业素养**　养成诚实守信、严谨认真的工作作风。

【理论知识】

1. 大肠菌群的定义及范围

大肠菌群是指一定培养条件下能发酵乳糖产酸产气的需氧和兼性厌氧革兰氏阴性无芽孢杆菌。大肠菌群主要是由肠杆菌科中 4 个菌属内的一些细菌所组成的，即埃希菌属、柠檬酸杆菌属、克雷伯氏菌属及肠杆菌属，其生化特性分类见表 4-3。

表 4-3　大肠菌群生化特性分类表

项目	靛基质	甲基红	VP	柠檬酸	H_2S	明胶	动力	44.5℃乳糖
大肠埃希菌 I	+	+	−	−	−	−	+/−	+
大肠埃希菌 II		+	−	−	−	−	+/−	−
大肠埃希菌III	+	+	−	−	−	−	−/−	+
费劳地柠檬酸杆菌 I	−	+	−	+	+/−	−	+/−	+
费劳地柠檬酸杆菌 II	+	+	−	+	+/−	−	+/−	+
产气克雷伯氏菌 I	−	−	+	+	−	−	−	+
产气克雷伯氏菌 II	+	−	+	+	−	−	−	+
阴沟肠杆菌	+	−	+	+	−	−	+/−	+

注：＋，表示阳性；－，表示阴性；＋/－，表示多数阳性，少数阴性。

由表 4-3 可以看出，大肠菌群中大肠埃希菌 I 型和Ⅲ型的特点是，对靛基质、甲基红、VP 和柠檬酸盐利用的 4 个生化反应分别为"＋＋－－"，通常称为典型大肠埃希菌；而其他类大肠埃希菌则称为非典型大肠埃希菌。

2. 大肠菌群测定的意义

1) 粪便污染的指标菌

早在 1892 年，沙尔丁格（Schardinger）首先提出将大肠埃希菌作为水源中病原菌污染的指标菌的意见，因为大肠埃希菌是存在于人和动物的肠道内的常见细菌。一年后，塞乌博耳德・斯密斯（Theobold Smith）指出，大肠埃希菌普遍存在于肠道内，若在肠道以外的环境中发现，就可以认为这是由于人或动物的粪便污染造成的。从此，开始应用大肠埃希菌作为水源中粪便污染的指标菌。

据研究发现，成人粪便中的大肠菌群的含量为 $10^8 \sim 10^9$ 个/g。若水中或食品中发现大肠菌群，即可证实已被粪便污染，有粪便污染就可能有肠道病原菌存在。根据这个理由，就可以认为这种含有大肠菌群的水或食品供食用是不安全的。所以目前为评定食品的卫生质量而进行检验时，也都采用大肠菌群或大肠埃希菌作为粪便污染的指标菌。当然，有粪便污染，不一定就有肠道病原菌存在，但即使无病原菌，只要被粪便污染的水或食品，就是不卫生的。

2) 粪便污染指标菌的选择

作为理想的粪便污染的指标菌应具备以下几个特性。

（1）存在于肠道内特有的细菌，才能显示出指标菌的特异性。

（2）在肠道内占有极高的数量，即使被高度稀释后，也能被检出。

（3）在肠道以外的环境中，其抵抗力大于肠道致病菌或相似，进入水中不再繁殖。

（4）检验方法简便，易于检出和计数。

在食品卫生微生物检验中，依据上述条件，粪便中数量最多的是大肠菌群，而且大肠菌群随粪便排出体外后，其存活时间与肠道主要致病菌大致相似，在检验方法上，也以大肠菌群的检验计数较简便易行。因此，我国选用大肠菌群作为粪便污染指标菌是比较适宜的。

另外，作为粪便污染的指标菌还有分叉杆菌、拟杆菌、乳酸菌、肠杆菌科中的梭状芽孢杆菌和底群链球菌等。据报道，拟杆菌是人体肠道内第二个较大的菌群；厌气性乳酸菌占人体肠道内细菌总数的 50%以上，一般粪便中该菌量为 $10^9 \sim 10^{10}$ 个/g。肠道内属于肠杆菌科的细菌，除上述细菌外，还有克雷伯氏菌属、变形杆菌和副大肠埃希菌等，也可以充当粪便污染指标菌。很多研究者认为，在冷冻食品或冷冻状态照射处理过的食品中，大肠埃希菌可比其他多种病原菌容易死亡。因此，像这类食品，用大肠菌群作为指标菌就不够理想，而底群链球菌对低温抵抗力强，作为这类食品的粪便污染指标菌就比较适宜。上述的肠道内的其他细菌，虽与粪便有关，因均比不上大肠菌群所具备的指标特异性，所以目前还没有列入公认的粪便污染的指标菌。

当然，大肠菌群作为粪便污染指标菌也有一些不足之处。

（1）饮用水中在含有较少量大肠菌群的情况下，有时仍能引起肠道传染病的流行。

（2）大肠菌群在一定条件下能在水中生长繁殖。

（3）在外界环境中，有的沙门氏菌比大肠菌群更有耐受力。

3）大肠菌群作为粪便污染指标菌的意义

粪便污染的食品，往往是肠道传染病发生的主要原因，因此检查食品中有无肠道菌，对控制肠道传染病的发生和流行，具有十分重要的意义。

许多研究者的调查表明，人、畜粪便对外界环境的污染是大肠菌群在自然界存在的主要原因。在腹泻患者所排出的粪便中，非典型大肠埃希菌常有增多趋势，这可能是机体肠道发生紊乱，大肠菌群在类型组成的比例上发生改变所致；随粪便排至外环境中的典型大肠埃希菌，也可因条件的改变而在生化性状上发生变异，从而转变为非典型大肠埃希菌。由此看来，大肠菌群无论在粪便内还是在外界环境中，都是作为一个整体而存在的，它的菌型组成往往是多种的，只是在比例上，因条件不同而有差异。因此，大肠菌群的检出，不仅反映食品被粪便污染的情况，而且在一定程度上也反映了食品在生产加工、运输、保存等过程中的卫生状况，所以具有广泛的卫生学意义。

由于大肠菌群作为粪便污染指标菌而被列入食品卫生微生物学常规检验项目，如果食品中大肠菌群超过规定的限量，则表示该食品有被粪便污染的可能，而粪便如果是来自肠道致病菌感染者或者腹泻患者，则该食品即有可能污染肠道致病菌。所以，凡是大肠菌群数超过规定限量的食品，即可确定其在卫生学上是不合格的，该食品食用起来是不安全的。

3．大肠菌群检验原理

目前，对于大肠菌群的检验主要是依据国家标准 GB 4789.3—2016 中规定的方法进行，包括大肠菌群最大可能数（most probable number，MPN）计数法（第一法）和大肠菌群平板计数法（第二法）。

MPN 计数法是基于泊松分布的一种间接计数方法。样品经过处理与稀释后用月桂基硫酸盐胰蛋白胨（LST）肉汤进行初发酵，是为了证实样品或其稀释液中是否存在符合大肠菌群的定义（即在 37℃分解乳糖产酸产气）的菌群，初发酵后观察 LST 肉汤管是否产气。初发酵产气管，不能肯定就是大肠菌群，经过复发酵实验后，有时可能为阴性。因此，在实际检测工作中，需用煌绿乳糖胆盐（BGLB）肉汤做验证实验。此法食品中的大肠菌群数以每 1mL（g）检样内大肠菌群 MPN 表示。

平板计数法是根据检样的污染程度，做不同倍数的稀释，选择其中 2～3 个适宜的稀释度，与结晶紫中性红胆盐琼脂（VRBA）培养基混合，待琼脂凝固后，再加入少量 VRBA 培养基覆盖平板表层（以防止细菌蔓延生长）。在一定的培养条件下，计数平板上出现的大肠菌群典型菌落和可疑菌落，再对其中 10 个典型菌落和可疑菌落用 BGLB 肉汤管进行验证试验后报告。称重取样以 CFU/g 为单位报告，体积取样以 CFU/mL 为单位报告。

大肠菌群 MPN 计数法（GB 4789.3—2016 第一法）

【材料准备】

（1）样品：待检样品。

（2）试剂：月桂基硫酸盐胰蛋白胨（LST）肉汤、煌绿乳糖胆盐（BGLB）肉汤、磷酸缓冲溶液、无菌生理盐水、1mol/L NaOH、1mol/L HCl。

（3）仪器及材料：恒温培养箱（36℃±1℃，30℃±1℃）、冰箱（2～5℃）、天平（感量为0.1g)、均质器、振荡器、无菌吸管（1mL、10mL）或微量移液器及吸头、无菌锥形瓶（容量为250mL、500mL）、试管、pH计或pH比色管（或精密pH试纸）、放大镜或菌落计数器、吸管、接种环、酒精灯、试管架。

【操作步骤】

图4-5所示为大肠菌群检验程序，图4-6所示为固体大肠菌群检验流程，图4-7所示为液体大肠菌群检验流程，参照GB 4789.3—2016第一法。

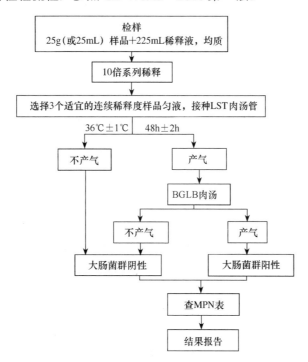

图4-5 大肠菌群检验程序

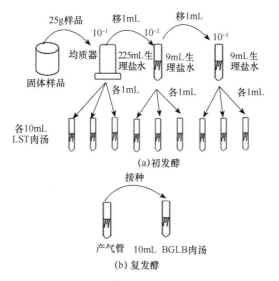

图4-6 固体大肠菌群检验流程

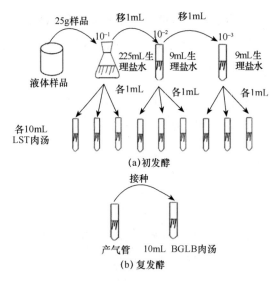

图 4-7　液体大肠菌群检验流程

1. 样品稀释

（1）固体和半固体。称取 25g 预处理样品，放入盛有 225mL 磷酸盐缓冲液或生理盐水的无菌均质杯内，8 000～10 000r/min 均质 1～2min，或放入盛有 225mL 磷酸盐缓冲液或生理盐水的无菌均质袋中，用拍击式均质器拍打 1～2min，制成 1∶10 的样品匀液。

（2）液体。以无菌吸管吸取 25mL 预处理样品，置于盛有 225mL 磷酸盐缓冲液或生理盐水的无菌锥形瓶（锥形瓶内预置适当数量的无菌玻璃珠）中，充分混匀，制成 1∶10 的样品匀液。

（3）样品匀液的 pH 值应在 6.5～7.5，必要时分别用 1mol/L NaOH、1mol/L HCl 调节。

（4）用 1mL 无菌吸管或微量移液器吸取 1∶10 样品匀液 1mL，沿管壁缓缓注入盛有 9mL 磷酸盐缓冲液或生理盐水的无菌试管中（注意吸管或吸头尖端不要触及稀释液面），振摇试管或换用 1 支 1mL 无菌吸管反复吹打，使其混合均匀，制成 1∶100 的样品匀液。

（5）根据对样品污染状况的估计，按上述操作，依次制成 10 倍递增样品匀液。每递增稀释 1 次，换用 1 支 1mL 无菌吸管或吸头。从制备样品匀液至样品接种完毕，全过程不得超过 15min。

2. 初发酵实验

每个样品，选择 3 个适宜的连续稀释度的样品匀液（液体样品可以选择原液），每个稀释度接种 3 支 LST 肉汤，每管接种 1mL（如接种量超过 1mL，则用双料 LST 肉汤），36℃±1℃培养 24h±2h，观察导管内是否有气泡产生，如未产气则继续培养 48h±2h。记录在 24h 和 48h 内产气的 LST 肉汤管数。未产气者为大肠菌群阴性，产气者则进行复发酵试验。

3. 复发酵实验

用接种环从所有 48h±2h 内发酵产气的 LST 肉汤管中分别取培养物 1 环，移种于 BGLB

肉汤管中，36℃±1℃培养48h±2h，观察产气情况。产气者，计为大肠菌群阳性管。

4. 大肠菌群最可能数（MPN）的报告

根据大肠菌群阳性管数，检索MPN（表4-4），报告每克（或毫升）样品中大肠菌群的MPN。

表4-4 大肠菌群最可能数（MPN）检索表

阳性管数			MPN	95%可信限	
0.1×3	0.01×3	0.001×3		下限	上限
0	0	0	<3.0	—	9.5
0	0	1	3.0	0.15	9.6
0	1	0	3.0	0.15	11
0	1	1	6.1	1.2	18
0	2	0	6.2	1.2	18
0	3	0	9.4	3.6	18
1	0	0	3.6	0.17	38
1	0	1	7.2	1.3	18
1	0	2	11	3.6	38
1	1	0	7.4	1.3	20
1	1	1	11	3.6	38
1	2	0	11	3.6	42
1	2	1	15	4.5	42
1	3	0	16	4.5	42
2	0	0	9.2	1.4	38
2	0	1	14	3.6	42
2	0	2	20	4.5	42
2	1	0	15	3.7	42
2	1	1	20	4.5	42
2	1	2	27	8.7	94
2	2	0	21	4.5	42
2	2	1	28	8.7	94
2	2	2	35	8.7	94
2	3	0	29	8.7	94
2	3	1	36	8.7	94
3	0	0	23	4.6	94
3	0	1	38	8.7	110
3	0	2	64	17	180
3	1	0	43	9	180
3	1	1	75	17	200
3	1	2	120	37	420
3	1	3	160	40	420
3	2	0	93	18	420
3	2	1	150	37	420
3	2	2	210	40	430
3	2	3	290	90	1 000
3	3	0	240	42	1 000
3	3	1	460	90	2 000
3	3	2	1 100	180	4 100
3	3	3	>1 100	420	—

注：1. 本表采用3个稀释度［0.1mL（g）、0.01mL（g）、0.001mL（g）］，每稀释度为3管。

2. 表内所列检样量如改用［1mL（g）、0.1mL（g）、0.01mL（g）］，则表内数字相应降低10倍；如改用［0.01mL（g）、0.001mL（g）、0.0001mL（g）］，则表内数字应相应增加10倍，其余类推。

【总结】

1. 结果记录

将大肠菌群检验结果填入表 4-5。

表 4-5 大肠菌群检验结果

样品编号	初发酵实验				复发酵实验				检验结果
	1mL (g)×3	0.1mL (g)×3	0.01mL (g)×3	0.001mL (g)×3	1mL (g)×3	0.1mL (g)×3	0.01mL (g)×3	0.001mL (g)×3	大肠菌群 MPN/mL（g）

注："P"表示阳性结果，"N"表示阴性结果。

2. 培养基主要成分的作用

1）月桂基磺酸盐胰蛋白胨（LST）肉汤

（1）LST 能抑制革兰氏阳性菌的生长，同时比胆盐的选择性和稳定性好。由于胆盐与酸产生沉淀，沉淀有时候会使对产气情况的观察变得困难。

（2）胰蛋白胨提供基本的营养成分。

（3）LST 肉汤是国际上通用的培养基，与乳糖胆盐肉汤的作用和意义相同，但具有更多的优越性。

2）煌绿乳糖胆盐（BGLB）肉汤

（1）胆盐可抑制革兰氏阳性菌。

（2）煌绿是抑菌抗腐剂，可增强对革兰氏阳性菌的抑制作用。

（3）乳糖是大肠菌群可利用发酵的糖类，有利于大肠菌群的生长繁殖并有助于鉴别大肠菌群和肠道致病菌。

（4）发酵实验判定原则：产气为阳性。由于配方里有胆盐，胆盐遇到大肠菌群分解乳糖所产生的酸形成胆酸沉淀，培养基可由原来的绿色变为黄色，同时可看到管底通常有沉淀。

3. 注意事项

1）初发酵产气量

在 LST 肉汤初发酵实验中，经常可以看到在发酵管内存在极微小的气泡（有时比小米粒还小），类似这样的情况能否算作产气阳性，这是许多食品检验工作者经常遇到的问题。一般来说，产气量与大肠菌群检出率呈正相关，但随样品种类而有不同，有小于米粒的气泡，也有可能检出阳性。

有时虽无气体，而由于特殊情况，导致小导管产气现象不明显：①如叉烧类肉制品因为不能完全溶解于水，即使经过稀释后，发酵管内仍有肉眼可见的悬浮物，这些悬浮物沉淀于管底，堵住了发酵导管的管口，影响气体进入导管中；②如乳类蛋白质含量较高的食品初发酵时大肠菌群产酸后 pH 值下降，蛋白质达等电点后沉淀，堵住导管口，不利于气体进入导管，但在液面及管壁却可以看到缓缓上浮的小气泡。所以对未产气的发酵管如有疑问时，可以用手轻轻打动试管，如有气泡沿壁上浮，即应考虑可能有气体产生，而应做进一步观察。建议在初发酵试验中，不宜将导管内是否出现气泡作为阳性管判断的唯一依据，如果将产酸也作为判断的主要依据，会减少假阴性的出现率。

2）MPN 检索表

当实验结果在 MPN 表中无法查找到 MPN 时，如阳性管数为 122、123、232、233等时，建议增加稀释度（可做 4～5 个稀释度），使样品的最高稀释度能达到获得阴性终点，然后再遵循相关的规则进行查找，最终确定 MPN。

对样品大肠菌群检测时，应根据食品卫生标准要求或检样污染情况的估计，选择 3个稀释度，检样稀释度选择恰当与否，直接关系到检测结果的可靠性。

3）单位

目前部分产品大肠菌群标准要求单位为 MPN/100mL（g）。中华人民共和国卫生部公告 2009 年第 16 号正式公告：现行食品标准中规定的大肠菌群指标以"MPN/100g 或 MPN/100mL"为单位的，适用《食品卫生微生物学检验　大肠菌群测定》（GB/T 4789.3—2003）进行检测。

大肠菌群单位 MPN/100g 或 MPN/100mL 的产品，建议选择取样量 1mL（g）×3、0.1mL（g）×3、0.01mL（g）×3，方法如图 4-8 和图 4-9 所示。在 EMB 平板上，挑取可疑大肠菌群菌落 1～2 个进行革兰氏染色，同时接种乳糖发酵管，置 36℃±1℃培养箱中培养 24h±2h，观察产气情况。凡乳糖管产气、革兰氏染色为阴性的无芽孢杆菌，即可报告大肠菌群阳性。结果报告查 GB/T 4789.3—2003。

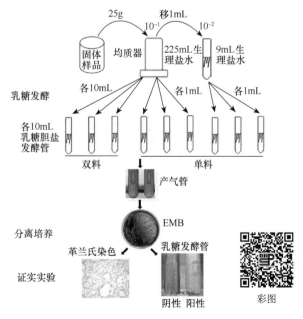

图 4-8　固体大肠菌群检验流程

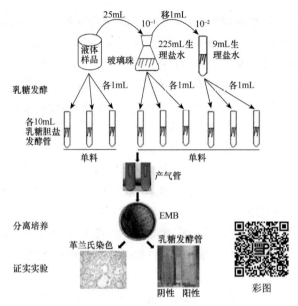

图 4-9　液体大肠菌群检验流程

大肠菌群标准要求为不大于 29MPN/100mL 产品，建议选择取样量 10mL×3、1mL（g）×3、0.1mL（g）×3，方法如图 4-10 所示。结果报告查 GB/T 4789.3—2003。

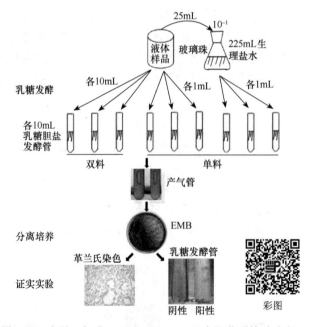

图 4-10　产品（标准≤29MPN/100mL）大肠菌群检验流程

 **思考与拓展**

1. 思考

（1）大肠菌群的定义是什么？为什么选择大肠菌群作为食品被粪便污染的指标菌？

（2）大肠菌群、粪大肠菌群、大肠埃希菌有何关系？在检验方法上有什么不同？

2. 拓展

检测糕点中大肠菌群并计数。

大肠菌群平板计数法（GB 4789.3—2016 第二法）

【材料准备】

（1）样品：待检样品。

（2）试剂：结晶紫中性红胆盐琼脂（VRBA）、煌绿乳糖胆盐（BGLB）肉汤、磷酸缓冲溶液、无菌生理盐水、1mol/L NaOH、1mol/L HCl。

（3）仪器及材料：恒温培养箱（36℃±1℃，30℃±1℃）、冰箱（2～5℃）、天平（感量为0.1g）、均质器、振荡器、无菌吸管（1mL、10mL）或微量移液器及吸头、无菌锥形瓶（容量250mL、500mL）、无菌培养皿（直径90mm）、试管、pH计或pH比色管（或精密pH试纸）、接种环、酒精灯、试管架。

【操作步骤】

图4-11所示为大肠菌群平板计数法检验程序，参照GB 4789.3—2016 第二法。

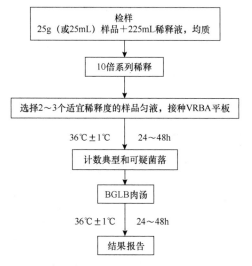

图4-11　大肠菌群平板计数法检验程序

1. 样品的稀释

按MPN计数法（GB 4789.3—2016 第一法）进行。

2. 培养

（1）选取 2～3 个适宜的连续稀释度，每个稀释度接种两个无菌平皿，每皿 1mL。同时取 1mL 水加入无菌平皿做空白对照。

（2）及时将 15～20mL 冷至 46℃的 VRBA 倾注于每个平皿中。小心旋转平皿，将培养皿与样液充分混匀，待琼脂凝固后，再加 3～4mL VRBA 覆盖平板表层。翻转平板，置于 36℃±1℃培养 18～24h。

图 4-12　大肠菌群在 VRBA 上
典型菌落特征
彩图

3. 平板菌落数的选择

选取菌落数在 15～150CFU/皿的平板，分别计数平板上出现的典型和可疑大肠菌群菌落。典型菌落为紫红色，菌落周围有红色的胆盐沉淀环，直径为 0.5mm 或更大（图 4-12）。

4. 验证实验

从 VRBA 平板上按比例挑取 10 个不同类型的典型和可疑菌落，分别移种于 BGLB 肉汤管内，36℃±1℃培养 24～48h，观察产气情况。凡 BGLB 肉汤管产气，即可报告为大肠菌群阳性。

5. 大肠菌群平板计数的报告

经最后证实为大肠菌群阳性的试管比例乘以计数的平板菌落数，再乘以稀释倍数，即为每 1g（mL）样品中大肠菌群数。例如，10^{-4} 样品稀释液 1mL，在 VRBA 平板上有 100 个典型和可疑菌落，挑取其中 10 个接种 BGLB 肉汤管，证实有 6 个阳性管，则该样品的大肠菌群数为 $100×6/10×10^4$/g（mL）＝$6.0×10^5$CFU/g（mL）。

【总结】

1. 结果记录

将大肠菌群检验结果填入表 4-6。

表 4-6　大肠菌群检验结果

样品名称			样品采集编号			分析日期		
室温/℃			相对湿度/%			产品标准		
稀释度	实验数据				标准要求	报告结果	结论
	第一次	第二次	第三次	空白			
平板菌落数							
鉴定菌落编号							
BGLB 肉汤实验							
测定依据：	计算公式：				备注：		

2. 注意事项

（1）大肠菌群检测选择 MPN 法还是平板计数法，取决于产品执行标准。平板计数法相对于 MPN 法来说，检验结果更精确，反映了样品实际菌的含量。平板计数法适合用于污染比较严重的样品，但对于污染菌太少的样品，还是 MPN 法更有优势。

（2）以下类型的菌落必须要做验证实验。

① 非典型菌落，如颜色、直径与典型菌落不符合的菌落。

② 被检样品中含有乳糖以外的其他糖类，如牛乳、饮料等样品。本来大肠菌群会发酵乳糖，但由于样品含有的其他糖类混入培养基，使得不能分解乳糖但能分解其他糖类的细菌也能够长出红色菌落，所以需要进行验证实验。

 思考与拓展

1. 思考

（1）对样品中大肠菌群指标进行检测，选择检测方法的依据是什么？

（2）VRBA 培养基各成分的作用是什么？

2. 拓展

检测奶粉中大肠菌群并计数。

第五章　食品卫生真菌学检验技术

第一节　霉菌和酵母菌菌数检验技术

☞ **知识目标**　熟悉 GB 4789.15—2016，掌握霉菌与酵母菌测定的意义。
☞ **能力目标**　熟练掌握霉菌和酵母菌检验的操作步骤，写出规范的检验报告。
☞ **职业素养**　提高细致、认真观察、分析问题的能力。

【理论知识】

　　霉菌和酵母菌广泛分布于自然界中。长期以来，人们利用某些霉菌和酵母菌加工一些食品，如用霉菌加工干酪和肉，使其味道鲜美，还可利用霉菌和酵母菌酿酒、制酱，食品、化学、医药等工业都少不了霉菌和酵母菌。在某些情况下，霉菌和酵母菌也可造成食品腐败变质。由于它们生长缓慢和竞争能力不强，故常常在不适于细菌生长的食品中出现，这些食品往往是 pH 值低、湿度低、含盐量和含糖量高的食品，低温储存的食品，含有抗生素的食品等。大量酵母菌的存在不仅可以引起食品风味下降和变质，甚至还可促进致病菌的生长；酵母菌对各种防腐剂、电离辐射照射、冷冻等抵抗力较强，有可能成为引起食品变质的优势菌。有些霉菌能够合成有毒代谢产物——霉菌毒素。霉菌和酵母菌常使食品表面失去色、香、味。如酵母菌在新鲜的和加工的食品中繁殖，可使食品产生难闻的异味，还可以使液体发生浑浊，产生气泡，形成薄膜，改变颜色及散发不正常的气味等。因此，霉菌和酵母菌也作为评价食品卫生质量的指示菌，并以霉菌和酵母菌计数来判定食品被污染的程度。

　　霉菌和酵母菌菌数的测定是指食品检样经过处理，在一定条件下培养后，测定所得 1g 或 1mL 检样中所含的霉菌和酵母菌菌落数（粮食样品是指 1g 粮食表面的霉菌总数）。

【材料准备】

　　（1）样品：霉菌、酵母菌。

　　（2）试剂：生理盐水、马铃薯葡萄糖琼脂培养基、孟加拉红琼脂培养基、磷酸盐缓冲液。

　　（3）仪器及材料：恒温培养箱（28℃±1℃）、拍击式均质器及均质袋、天平（感量为0.1g）、无菌锥形瓶（容量500mL）、无菌吸管（1mL、10mL）、无菌试管（18mm×180mm）、漩涡混合器、无菌平皿（直径90mm）、恒温水浴锅（46℃±1℃）、显微镜（10～100倍）、微量移液器及枪头（1.0mL）、折光仪、郝氏计测玻片（具有标准计测室的特制玻片）、盖玻片、测微器（具标准刻度的玻片）。

【操作步骤】

　　图 5-1 所示为霉菌和酵母菌计数检验程序，参照 GB 4789.15—2016。

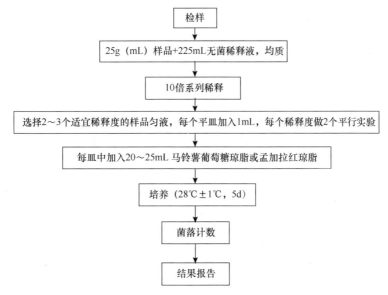

图 5-1 霉菌和酵母菌计数检验程序

1. 样品稀释

（1）固体和半固体。称取 25g 样品至盛有 225mL 无菌稀释液（蒸馏水或生理盐水或磷酸盐缓冲液）的锥形瓶中，充分振摇即为 1∶10 稀释液，或用拍击式均质器拍打 1～2min，制成 1∶10 样品匀液。

（2）液体。以无菌吸管吸取 25mL 样品至盛有 225mL 无菌稀释液（蒸馏水或生理盐水或磷酸盐缓冲液）的适宜容器内（可在瓶内预置适当数量的无菌玻璃珠）或均质袋中，充分振摇或用拍击式均质器拍打 1～2min，制成 1∶10 样品匀液。

（3）取 1mL 1∶10 样品匀液注入含有 9mL 无菌稀释液的试管中，另换一支 1mL 无菌吸管反复吹吸，或在漩涡混合器上混匀，此液为 1∶100 样品匀液。

（4）按（3）操作程序，制备 10 倍系列稀释样品匀液。每递增稀释一次，换用 1 次 1mL 无菌吸管。在进行 10 倍递增稀释的同时，每个稀释度分别吸取 1mL 样品匀液于两个无菌平皿内。同时分别取 1mL 样品稀释液加入两个无菌平皿做空白对照。

（5）及时将 20～25mL 冷却至 46℃的马铃薯葡萄糖琼脂或孟加拉红琼脂培养基（可放置于 46℃±1℃恒温培养箱中保温）倾注平皿，并转动平皿使其混合均匀。置水平台面待培养基完全凝固。

2. 培养

待琼脂凝固后，正置培养，置 28℃±1℃培养箱中培养，观察并记录培养至第 5 天的结果。

3. 菌落计数

对肉眼观察，必要时可用放大镜或低倍镜，记录各稀释倍数和相应的霉菌和酵母菌菌数。以菌落形成单位（CFU）表示。

选取菌落数在 10～150CFU 的平板，根据菌落形态分别计数霉菌和酵母菌。霉菌蔓延生长覆盖整个平板的可记录菌落蔓延。

4. 结果与报告

（1）计算同一稀释度的 2 个平板菌落数的平均值，再将平均值乘以相应倍数计算。

① 若有 2 个稀释度平板上菌落数均在 10～150CFU 所有平板上菌落数均大于 150CFU，则按照 GB 4789.2—2016 的相应规定进行计算。

② 若所有平板上的菌落数均大于 150CFU，则对稀释度最高的平板进行计数，其他平板可记录为多不可计，结果按平均菌落数乘以最高稀释倍数计算。

③ 若所有平板上菌落数均小于 10CFU，则应按稀释度最低的平均菌落数乘以稀释倍数计算。

④ 若所有稀释度（包括液体样品原液）平板均无菌落生长，则以小于 1 乘以最低稀释倍数计算。

⑤ 若所有稀释度的平均菌落数均不在 10～150CFU，其中一部分小于 10CFU 或大于 150CFU，则以最接近 10CFU 的平均菌落数乘以稀释倍数计算。

（2）报告。

① 菌落数按"四舍五入"原则修约。菌落数在 10CFU 以内时，采用 1 位有效数字报告；菌落数在 10～100CFU 时，采用 2 位有效数字报告。

② 菌落数大于或等于 100CFU 时，前 3 位数字采用"四舍五入"原则修约，取前 2 位数字，后面用 0 代替位数来表示结果；也可用 10 的指数形式来表示，此时也按"四舍五入"原则修约，采用 2 位有效数字。

③ 若空白对照平板上有菌落出现，则此次检测结果无效。

④ 称重取样以 CFU/g 为单位报告，体积取样以 CFU/mL 为单位报告，报告或分别报告霉菌和/或酵母菌菌数。

【总结】

1. 结果记录

将霉菌和酵母菌计数结果填入表 5-1。

2. 注意事项

1）样品稀释

采用拍击式均质器或均质袋，避免振荡方式造成均质不够或者旋转刀均质器造成切断霉菌菌丝体的问题。

规定成粗大的试管（18mm×180mm），有利于样品稀释液混匀，在原有小试管里很难充分混匀。

漩涡混合器可以保证样品稀释液的均匀，减少污染机会。使用移液枪或移液管反复吹吸样品及稀释液，会造成有害气溶胶。以及增大污染风险。

表 5-1 霉菌和酵母菌计数结果

样品名称							分析日期	
室温/℃			相对湿度/%				培养时间	
样品编号	执行标准	卫生标准/（CFU/g 或 CFU/mL）	实验数据				结果/（CFU/g 或 CFU/mL）	结论
			第一次	第二次	第三次	空白		
测定依据：			计算公式：				备注：	

2）培养基的选择

在霉菌和酵母菌计数中，主要使用以下几种选择性培养基。

① 马铃薯葡萄糖琼脂（PDA）培养基。霉菌和酵母菌在 PDA 培养基上生长良好。用 PDA 做平板计数时，必须加入抗生素以抑制细菌。氯霉素能够耐高压灭菌，可直接加培养基中再灭菌。

② 孟加拉红（虎红）琼脂培养基。该培养基中的孟加拉红和抗生素具有抑制细菌的作用。孟加拉红还可以抑制霉菌菌落的蔓延生长。在菌落背面由孟加拉红产生的红色有助于霉菌和酵母菌菌落的计数。

3）倾注培养

每个样品应选择 3 个适宜的稀释度，每个稀释度倾注两个平皿。培养基熔化后冷却至 45℃，立即倾注并旋转混匀，先向一个方向旋转，再转向相反方向，充分混合均匀。培养基凝固后，正置培养（避免在反复观察的过程中，上下颠倒平板导致霉菌孢子扩散形成次生小菌落）。大多数霉菌和酵母菌在 25～30℃的情况下生长良好，因此培养温度为 25～28℃。培养 3d 后开始观察菌落生长情况，共培养 5d，观察并记录结果。

4）菌落计数及报告

选取菌落数 10～150CFU 的平板进行计数。一个稀释度使用两个平板，取两个平板菌落数的平均值，乘以稀释倍数报告。菌落数在 10CFU 以内时，采用 1 位有效数字报告（如平均菌落数为 8.5CFU 时，应报告为 9CFU）。固体样品以 g 为单位报告，液体样品以 mL 为单位报告。

5）番茄酱罐头、番茄汁霉菌计数

番茄酱罐头、番茄汁中霉菌计数常用郝氏霉菌计数法。

在食品微生物检验中，对有毒霉菌的检验，主要是根据霉菌菌丝体或孢子的颜色、形态特征等进行鉴别。

①　检样的制备。取定量检样，加蒸馏水稀释至折光指数为 1.344 7～1.346 0（即浓度为 7.9%～8.8%），备用。

②　显微镜标准视野的校正。将显微镜按放大率 90～125 倍调节标准视野，使其直径为 1.382mm。

③　涂片。洗净郝氏计测玻片，将制好的标准液用玻璃棒均匀地摊布于计测室，以备观察。

④　观察。将制好的载玻片放于显微镜标准视野下进行霉菌观察，一般每一检样观察 50 个视野，同一检样应由两人进行观察。

⑤　结果与计算。在标准视野下，发现有霉菌菌丝的长度超过标准视野（1.382mm）的 1/6 或 3 根菌丝总长度超过标准视野的 1/6（即测微器的一格）时即为阳性（＋），否则为阴性（－）。按 100 个视野计，其中发现有霉菌菌丝体存在的视野数，即为霉菌的视野百分数。

 思考与拓展

1. 思考

（1）霉菌和酵母菌菌落计数时应注意什么问题？

（2）马铃薯葡萄糖琼脂（PDA）、孟加拉红琼脂（RBC）培养基各适合何种真菌生长？

2. 拓展

检测酸奶饮料中霉菌和酵母菌的数量。

第二节　常见产毒霉菌检验技术

☞　**知识目标**　了解常见的产毒霉菌的形态特征。

☞　**能力目标**　掌握 GB 4789.16—2016 常见产毒霉菌检验技术。

☞　**职业素养**　培养学生无菌操作的意识和技能。

【理论知识】

霉菌并不是微生物分类系统的名词，它是丝状真菌的通称。霉菌是一类在工农业生产中有广泛应用的微生物，与人类的生活关系十分密切。它广泛存在于自然界，陆生性较强，种类繁多，在空气中到处散布它们的孢子。在目前已知的常见的有毒霉菌有曲霉属的黄曲霉、寄生曲霉、杂色曲霉、构巢曲霉、赭曲霉；青霉属的黄绿青霉、橘青霉、圆弧青霉、冰岛青霉、展开青霉、产紫青霉，镰刀菌属的串珠镰刀菌、禾谷镰刀菌、三线镰刀菌、雪腐镰刀菌、梨孢镰刀菌、拟枝孢镰刀菌、木贼镰刀菌、茄病镰刀菌、尖孢镰刀菌，木霉属的木霉，头孢霉属的头孢霉，单端孢霉属的粉红单端孢霉，葡萄状穗霉属的黑葡萄状穗霉、交链孢霉，节菱孢霉属的节菱孢霉等。这些有毒霉菌虽然在已知数万种霉菌中只是极少数，但它们分布广，适应性强，对人类的威胁仍然不可以掉以轻心。1960年英国死亡十多万只火鸡，就是因为食用污染了黄曲霉等发霉的花生粉饲料而导致的。

有毒霉菌引起中毒的原因，主要是它们产生了有毒毒素，并且毒性一般都很大。如黄曲霉，能产生 12 种毒素，其中黄曲霉毒素 B_1，据实验报道，狗的半致死量是 1mg/kg，猪是 0.62mg/kg，鸭是 0.335mg/kg。相当多的霉菌产生的毒素能在体内蓄积，产生慢性中毒，使人体的肝脏、肾脏等产生病变，甚至导致癌症。许多证据表明，黄曲霉毒素是典型的致肝癌毒素，橘青霉毒素是致肾脏病变毒素。

在食品微生物检验中，对有毒霉菌的检验，主要是根据霉菌菌丝体或孢子的颜色、形态特征等进行鉴别的。

【材料准备】

（1）样品：霉菌。

（2）试剂：乳酸-苯酚液、察氏培养基、马铃薯葡萄糖琼脂培养基、麦芽汁琼脂培养基、无糖马铃薯琼脂培养基。

（3）仪器及材料：显微镜、目镜测微尺、物镜测微尺、生物安全柜、恒温水浴锅、冰箱、酒精灯、接种钩针、分离针、滴瓶、载物玻片、盖玻片、小刀等。

【操作步骤】

参照 GB 4789.16—2016，预先将检验中的霉菌或检验中分离出的霉菌孢子培养后的霉菌进行纯培养。

1. 菌落的观察

为了培养完整的巨大菌落以供观察记录，可将纯培养物点植于平板上。曲霉、青霉通常接种察氏培养基，镰刀菌通常需要同时接种多种培养基，其他真菌一般使用马铃薯葡萄糖琼脂培养基。将平板倒转，向上接种一点或三点，每菌接种 2 个平板，倒置于 25～28℃恒温培养箱中进行培养。当刚长出小菌落时，取出一个平皿，以无菌操作，用小刀将菌落连同培养基切下长 1cm×宽 2cm、厚度不限的小块，置菌落一侧，继续培养，于5～14d 进行观察。用此法代替小培养法，可直接观察子实体着生状态。

2. 斜面观察

将霉菌纯培养物划线接种（曲霉、青霉）或点种（镰刀菌或其他菌）于斜面，培养 5～14d，观察菌落形态，同时还可以将菌种管置显微镜下用低倍镜观察孢子的形态和排列。

3. 制片

取载玻片加乳酸-苯酚液一滴，用接种针钩取一小块霉菌培养物，置乳酸-苯酚液中，用 2 支分离针将培养物撕开成小块，切忌涂抹，以免破坏霉菌结构。然后加盖玻片，如有气泡，可在酒精灯上加热排除。制片时最好是在接种罩内操作，以防孢子飞扬。

4. 镜检

观察霉菌的菌丝和孢子的形态和特征及孢子的排列等，并做详细记录。

5. 报告（以黄曲霉为例）

根据菌落形态及镜检结果，参照真菌的形态描述，确定菌种名称，报告真菌菌种鉴定结果。

【总结】

1. 结果记录

将黄曲霉检验结果记录于表 5-2 中。

表 5-2　黄曲霉检验结果

项目	察氏培养基平板菌落特征	察氏培养基斜面菌落特征	霉菌镜检记录	查分类检索表结果
被检霉菌				

2. 曲霉属和黄曲霉的形态特征及可能产生的真菌毒素

本属的产毒霉菌主要包括黄曲霉、寄生曲霉、杂色曲霉、构巢曲霉、赭曲霉、黑曲霉、炭黑曲霉和棒曲霉。这些霉菌的代谢产物为黄曲霉毒素、赭曲霉毒素、伏马菌素、展青霉素等次生代谢产物。

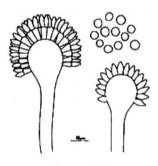

图 5-2　曲霉

曲霉属的菌丝体无色透明或呈明亮的颜色，但不呈暗污色；可育的分生孢梗茎以大体垂直的方向从特化的厚壁的足细胞生出，光滑或粗糙，通常无横隔；顶端膨大形成顶囊，具不同形状，从其表面形成瓶梗，或先产生梗基，再从梗基上形成瓶梗，最后由瓶梗产生分生孢子。分子孢子单胞，具不同形状和各种颜色，光滑或具纹饰，连接成不分枝的链。由顶囊到分生孢子链构成不同性状的分生孢子头，显现不同颜色。有的种可形成厚壁的壳细胞，形状因种而异；有的种则可形成菌核或类菌核结构；还有的种产生有性阶段，形成闭囊壳，内含子囊和子囊孢子，子囊孢子大多透明或具不同颜色、形状和纹饰（图 5-2）。

黄曲霉菌落在察氏培养基上生长迅速，25℃ 7d 直径可达 35～40mm（～70mm），12～14d 达 55～70mm；质地主要为致密丝绒状，有时稍现絮状或中央部分呈絮状，平坦或现辐射状至不规则的沟纹；分生孢子结构多，颜色为黄绿至草绿色，初期较淡，老后稍深，大多近于浅水芹绿色，也有呈木榉绿色，暗草绿色或翡翠绿色者，有的菌株初期现黄色，近于锶黄，而后变绿；一般无渗出液。有的菌株形成少量或大量菌核，大量时，影响菌落外观，伴随有渗出液，无色至淡褐色，菌落反而无色至淡褐色，产生菌核的菌株，在形成菌核处的反面显现黑褐色斑点。分生孢子头初为球形，后呈辐射形，（80～）200～500（～800）μm，或裂成几个疏松的柱状体，也有少数呈短柱状者；分生孢子梗大多生自基质，孢梗茎（200～）400～800（～3 000）μm×（4～）9.6～16（～20）μm，壁厚，无色，粗糙至很粗糙；顶囊近球形至烧瓶形，直径（9～）23～50（～65）μm，大部表面可育，小者仅上部可育；产孢结构双层；梗基 6.2～13.2（19～）×3.2μm×6μm，瓶梗（6.2～12）μm×（2.4～4）μm，有的小顶囊只生瓶梗；分生孢子多为球形或近球形（2.4～）3.6～4.8（～6.4）μm，少数呈椭圆形 3.2～5.2μm×2.7～4.2μm，壁稍粗糙至具小刺；有的菌株产生菌核，初为白色，老后呈褐黑色，球形或近球形，大小或数量各异，一般为（280～）420～980μm。黄曲霉的某些菌株可产生黄曲霉毒素（aflatoxin）。

其他真菌形态特征及可能产生的真菌毒素查阅 GB 4789.16—2016。

 ## 思考与拓展

1. 思考

（1）常见产毒霉菌的检验有哪些基本步骤？

（2）对产毒霉菌，主要依据什么进行检验？试述检验黄曲霉的方法。

2. 拓展

挑取糕点中分离的霉菌进行黄曲霉检验。

第六章　食品接触面微生物检验技术

第一节　食品生产环境菌落总数检验技术

☞ **知识目标**　了解 GB/T 16293—2010、GB 15979—2002 工作原理。
☞ **能力目标**　掌握空气中菌落、工作台面、操作人手的菌落数测定方法。
☞ **职业素养**　培养食品质量安全管理意识。

【理论知识】

对样品、样品提取物、操作人员和设备所处环境都必须进行检查，以确保分析结果不受这些环境因素的影响。

有卫生要求的洁净生产区宜包括易腐败性食品、即食半成品或成品的最后冷却或包装前的存放、前处理场所；不能最终灭菌的原料前处理、产品灌封、成型场所，产品最终灭菌后的暴露环境；内包装材料准备室和内包装室以及为食品生产、改进食品特性或保存性的加工处理场所和检验室等。洁净生产区应按生产流程及相应洁净用房等级要求合理布局。生产线布置不应造成往返交叉和不连续。生产区内有相互联系的不同等级洁净用房之间应按照品种和工艺的需要设置缓冲室、空气吹淋室等防止交叉污染的设施。当设置缓冲室时，其面积不应小于 $3m^2$。原料前处理不宜与成品生产使用同一洁净区域，当生产工艺有特殊要求时，应根据工艺要求确定。在不能最终灭菌食品的生产、检验、包装车间以及易腐败的即食性成品车间的入口处，必须设置独立隔间的手消毒室。生产车间内应划出与生产规模相适应的空间作为物料、中间产品、待验品、成品和洁具的暂存区，并应严防交叉、混淆和污染。检验室宜独立设置，对样本的检验过程有空气洁净度要求时，应设置洁净工作台。宜设置与生产规模、品种、人员素质等相应的清洗、消毒（包括雾化消毒）、灭菌的污染控制综合设施。

在空气样品的采集过程中包含两种微生物：浮游菌和沉降菌。

浮游菌即悬浮在空气中的活微生物粒子，通过专门的培养基，在适宜的生长条件下繁殖到可见的菌落数。浮游菌采样器一般采用撞击法机理，可分为狭缝式采样器、离心式或针孔式采样器。狭缝式采样器由内部风机将气流吸入，通过采样器的狭缝式平板，将采集的空气喷射并撞击到缓慢旋转的平板培养基表面上，附着的活微生物粒子经培养后形成菌落。离心式采样器由于内部风机的高速旋转，气流从采样器前部吸入，从后部流出，在离心力的作用下，空气中的活微生物粒子有足够的时间撞击到专用的固形培养条上，附着的活微生物粒子经培养后形成菌落。针孔式采样器是气流通过一个金属盖吸入，盖子上有密集的经过机械加工的特制小孔，通过风机将收集到的细小的空气流直接撞击平板培养基表面上，附着的活微生物粒子经培养后形成菌落。

沉降菌即通过沉降的方法收集空气中的活微生物粒子，通过专门的培养基，在适宜的生长条件下繁殖到可见的菌落数。

【材料准备】

（1）设备及材料：恒温培养箱、浮游菌采样器、天平、无菌锥形瓶、无菌培养皿、放大镜、规格板、恒温水浴锅、无菌吸管、棉签。

（2）培养基和试剂：大豆酪蛋白琼脂培养基（TSA）或沙氏营养琼脂培养基（SDA）、消毒剂、无菌生理盐水。

【操作步骤】

1. 食品企业洁净室浮游菌的检测，参照 GB/T 16293—2010。

1）样品采集

采样器进入被测房间前先用消毒房间的消毒剂灭菌，用于 100 级洁净室的采样器宜预先放在被测房间内。用消毒剂擦净培养皿的外表面。采样前，先用消毒剂清洗采样器的顶盖、旋盘以及罩子的内外表面。采样结束，再用消毒剂轻轻喷射罩子的内壁和转盘。采样口及采样管，使用前必须进行高温灭菌。如用消毒剂对采样管外壁及内壁进行消毒，应将管中的残留液倒掉并晾干。采样者应穿戴与被测洁净区域相应的工作服，在转盘上放入或调换培养皿前，双手用消毒剂消毒或戴无菌手套操作。采样仪器经消毒后先不放入培养皿，开启浮游菌采样器，使仪器中的残余消毒剂蒸发，时间不少于 5min，检查流量并根据采样量调整设定采样时间。关闭浮游菌采样器，放入培养皿，盖上盖子。置采样口于采样点后，开启浮游菌采样器进行采样。

2）培养

全部采样结束后，将培养皿倒置于恒温培养箱中培养。采用大豆酪蛋白琼脂培养基（TSA）配制的培养皿经采样后，在 30～35℃培养箱中培养，时间不少于 2d；采用沙氏营养琼脂培养基（SDA）配制的培养皿经采样后，在 20～25℃培养箱中培养，时间不少于 5d。每批培养基应有对照试验来检验培养基本身是否污染。每批可选定 3 只培养皿作对照培养。

3）结果计算

用肉眼对培养皿上所有的菌落直接进行计数、标记或在菌落计数器上点计，然后用 5～10 倍放大镜检查，有否遗漏。若平板上有两个或两个以上的菌落重叠，可分辨时仍以两个或两个以上菌落计数。

$$浮游菌平均浓度（个/m^3）菌落数=\frac{菌落数}{采样量}$$

示例 1：某测点采样量为 400L，菌落数为 1 个，则

$$浮游菌平均浓度=\frac{1}{0.4}=25（个/m^3）$$

示例 2：某测点采样量为 2m^3，菌落数为 3 个，则

$$浮游菌平均浓度=\frac{3}{2}=1.5（个/m^3）$$

4）结果报告

以单位体积空气中浮游菌菌落数表示计数浓度，单位为 CFU/m³ 或 CFU/L。

2. 食品企业洁净室沉降菌的检测，参照 GB 15979—2002。

1）样品采集

在动态下进行。室内面积不超过 30m²，在对角线上设里、中、外点位置距离墙 1m；室内面积超过 30m²，设东、西、南、北、中 5 点，周围 4 点距墙 1m。

采样时，将含营养琼脂培养基的平板（直径 9cm）置采样点（约桌面高度），打开平皿盖，使平板在空气中暴露 5min。

2）细菌培养

在采样前将准备好的营养琼脂培养基置 35℃±2℃ 培养 24h，取出检查有无污染，将污染培养基剔除。

将已采集的培养基在 6h 内送实验室，于 35±2℃ 培养 48h 观察结果，计数平板上细菌菌落。

3）菌落计算

$$y_1 = \frac{A \times 50\,000}{S_1 \times t}$$

式中，y_1——空气中细菌菌落总数，CFU/m³；

　　A——平板上平均细菌菌落数；

　　S_1——平板面积，cm²；

　　t——暴露时间，min。

3. 工作台面、操作人手的菌落计数（GB 15979—2002）

1）样品采集

① 工作台：将灭菌的内径为 5cm×5cm 灭菌规格板放在被检物体表面，用浸有灭菌生理盐水的棉签在其内涂抹 10 次，放入 10mL 灭菌生理盐水的采样管内送检。

② 工人手：被检人五指并拢，用浸湿生理盐水的棉签在右手指曲面，从指尖到指端来回涂擦 10 次，然后剪去手接触部分棉棒，将棉签放入含 10mL 灭菌生理盐水的采样管内送检。

2）细菌菌落总数检测

将已采集的样品在 6h 内送实验室，每支采样管充分混匀后取 1mL 样液，放入灭菌平皿内，倾注营养琼脂培养基，每个样品平行接种 2 块平皿，置 35℃±2℃ 培养 48h，计数平板上细菌菌落数。

$$y_2 = \frac{A}{S_2} \times 10$$

$$y_3 = A \times 10$$

式中，y_2——工作台表面细菌菌落总数，CFU/cm²；

A——平板上平均细菌菌落数；

S_2——采样面积，cm^2；

y_3——工人手表面细菌菌落总数，CFU/只。

【总结】

1. 结果记录

将菌落计数结果填入表 6-1。

表 6-1　食品中生产环境菌落总数检测结果记录

依据标准				分析日期	
室温/℃		湿度/%		培养时间	
操作区	指标				
	空气浮游菌/（CFU/m³）	空气沉降菌/（CFU/m³）	工作台/（CFU/cm²）		工人手/（CFU/只）
数据					
结果					
结论					
标准要求					

2. 生产环境卫生指标

（1）食品企业浮游菌卫生指标要求见表 6-2。

表 6-2　食品中生产环境卫生指标

等级	操作区	空气浮游菌/（CFU/m³）
		静态
Ⅰ级	高污染风险的洁净操作区	5
Ⅱ级	Ⅰ级区所处的背景环境，或污染风险仅次于Ⅰ级的涉及非最终灭菌食品的洁净操作区	50
Ⅲ级	生产过程中重要程度较次的洁净操作区	150
Ⅳ级	属于前置工序的一般清洁要求的区域	500

（2）装配与包装车间沉降菌细菌菌落总数应小于等于 2 500CFU/m³。

（3）工作台面细菌菌落总数应小于等于 20CFU/cm²。

（4）工人手表面细菌菌落总数应小于等于 300CFU/只，并不得检出致病菌。

3. 注意事项

（1）浮游菌最少采样点数目和采样点位置可参照 GB/T 16292—2010 选择。浮游菌每次最小采样量见表 6-3，浮游菌每次最小培养皿数见表 6-4。

表6-3　浮游菌测定每次最小采样量

洁净度级别	采样量/（L/次）
100 级	1 000
10 000 级	500
100 000 级	100
300 000 级	100

表6-4　浮游菌测定每次最小培养皿数

洁净度级别	最少培养皿数（ϕ90mm）
100 级	14
10 000 级	2
100 000 级	2
300 000 级	2

（2）对于单向流洁净室（区）或送风口，采样器采样后朝向应正对气流方向；对于非单向流洁净室（区），采样口向上。布置采样点时，应尽量避开尘粒较集中的回风口。采样时，测试人员应站在采样口的下风侧，并尽量少走动。应采取一切措施防止采样过程的污染和其他可能对样本造成的污染。培养皿用于检测时，为避免培养皿运输或搬动过程造成的影响，宜同时设置对照实验。每次或每个区域取 1 个对照皿，与采样皿同法但不需暴露采样，然后与采样后的培养皿（TSA 或 SDA）一起放入培养箱内培养，结果应无菌落生长。

 思考与拓展

1. 思考

空气中浮游菌、沉降菌的定义及对食品企业生产的影响。

2. 拓展

识别糕点厂车间洁净区，检测生产环境菌落总数。

第二节　食品内包材（消毒容器）常规微生物检验技术

> ☞ **知识目标**　理解GB 14934—2016标准；掌握内包材微生物限度检查的意义。
> ☞ **能力目标**　熟练掌握膜过滤法的操作步骤；正确填写检验报告，写出规范的检验报告。
> ☞ **职业素养**　严守检验规范，提高检验结果的准确性。

【理论知识】

1. 食品包装容器分类

（1）软包装：不用玻璃、陶瓷等刚性材料，而是用塑料、铝箔、纸张等柔性材料制成的包装。食品软包装材料及其制品包括：塑料软包装、纸质软包装、铝箔软包装、复合软包装（纸塑复合软包装、塑塑复合软包装、铝塑复合软包装）。

（2）纸包装容器：以纸或纸板为主要材料加工成型的主要食品包装容器。

（3）塑料包装容器：以树脂为主要原料制造成型的包装容器。

（4）玻璃包装容器：以硅酸盐为主要原料经成型加工制成的包装容器。

（5）复合包装容器：以纸-塑-铝等复合材料作为内层，牛皮纸作为外层材料，乳胶作为黏合剂加工成型的包装容器。

（6）陶瓷包装容器：以黏土、陶土、高岭土为主要原料经烧制成型的包装容器。

（7）金属包装容器：以铁、铝等金属薄板为原料加工成型的包装容器。

（8）竹木质包装容器：以预先经过加工的竹材、木材或竹木质混合材料为原料制造成型的刚性包装材料。

（9）搪瓷容器：在金属坯体表面涂覆搪瓷釉经烧结而制成的包装容器。

（10）纤维容器：以棉、麻等天然纤维和以人造混合、合成纤维等纺织品为主要材料加工成型的包装容器。

（11）食品包装辅助物：在食品包装上起辅助作用的制品总称。主要包括直接接触食品的封闭器（如密封垫、瓶盖或瓶塞）、缓冲垫、隔离或填充物等。

2. 内包材的微生物污染

（1）包材微生物污染：微生物的产生、附着而给包材及生产环境带来不良影响。

（2）污染包材的细菌：常见污染包材的细菌是一些生命力较强的细菌，如大肠菌群、霉菌等，抵抗力弱的细菌一般不易造成污染。

（3）包材的微生物污染源：空气、水、厂房与设备、生产用原辅料、包装材料、生产操作人员等。

3. 适用卫生标准

《食品安全国家标准 消毒餐（饮）具》（GB 14934—2016）适用于餐饮服务提供者、集体用餐配送单位、餐（饮）具集中清洗消毒服务提供的消毒餐（饮）具，也适用于其他消毒食品容器和食品生产经营工具、设备。常规微生物限量见表6-5。

表6-5 GB 14934—2016 标准微生物限量

项目		限量
大肠菌群	发酵法（个/50cm²）	不得检出
	纸片法（个/50cm²）	不得检出

【材料准备】

（1）培养基：月桂基硫酸盐胰蛋白胨（LST）肉汤、煌绿乳糖胆盐（BGLB）肉汤、大肠菌群快速检验纸片。

（2）仪器：恒温培养箱（36℃±1℃）。

（3）其他：灭菌滤纸片、棉拭子、无菌塑料袋、剪刀、吸管、接种环、试管、酒精灯、试管架。

【操作步骤】 参照 GB 14934—2016。

1. 食品包装容器大肠菌群检测（发酵法）

1）采样

以 1mL 无菌生理盐水湿润 10 张 2.0cm×2.5cm（5cm²）灭菌滤纸片（总面积为 50cm²）。选择食品包装容器通常与食物接触的内壁表面或与口唇接触处。每件样品分别贴上 10 张湿润的灭菌滤纸片。30s 后取下，置相应的液体培养基内。或用无菌生理盐水湿润棉拭子，分别在两个 25cm²（5cm×5cm）面积范围来回均匀涂抹整个方格 3 次后，用灭菌剪刀剪去棉拭子与手接触的部分。将棉拭子置相应的液体培养基内。4h 内送检。

2）检测

直接将采样后的棉拭子或全部纸片置月桂基硫酸盐胰蛋白胨（LST）肉汤内。36℃±1℃培养 24～48h。结果观察及后续复发酵实验按照 GB 4789.3—2016 第一法进行。

2. 食品包装容器大肠菌群检测（纸片法）

1）采样

用无菌生理盐水湿润大肠菌群快速检验纸片后，立即贴于食品包装容器通常与食物接触的内壁表面或与口唇接触处，每件贴 2 张快速检验纸片后，30s 后取下，置无菌塑料袋内。

2）检测

将已采样的大肠菌群快速检验纸片置 36℃±1℃培养 16～18h，观察结果。结果判定按产品说明书执行。

【总结】

1. 结果记录

将结果填入表 6-6。

表 6-6　食品包装容器大肠菌群检测结果记录表

检品名称		批号	
请检部门		检品来源	
包材规格		取样日期	
取样量		开检日期	
检验依据		GB 14934—2016	

续表

大肠菌群	方法	限量要求	检测结果	判定
	发酵法			
	纸片法			

2. 注意事项

（1）GB 14934—2016 微生物限量涉及大肠菌群及沙门氏菌（方法参考 GB 4789.4—2016 标准），包材中大肠菌群检测为企业常规监控项目；纸包装容器微生物限量可依据 GB 4806.8—2016《食品安全国家标准　食品接触用纸和纸板材料及制品》，微生物限量见表 6-7。

表 6-7　GB 4806.8—2016 标准微生物限量

项目	限量	检验方法
大肠菌群（个/50cm^2）	不得检出	GB 14934—2016
大肠菌群（个/50cm^2）	不得检出	GB 14934—2016
霉菌（CFU/g）≤	50	GB 4789.15—2016

（2）食品包材微生物检测可参考《中华人民共和国药典》（2020 年版）中的薄膜过滤法。食品包装容器膜过滤法检测流程见图 6-1。

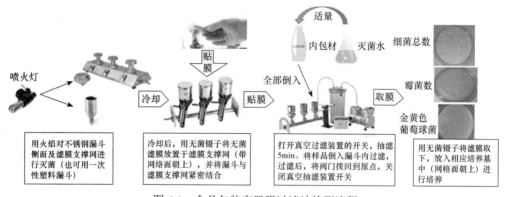

图 6-1　食品包装容器膜过滤法检测流程

① 样品采集。用火焰对不锈钢漏斗侧面及滤膜支撑网进行灭菌（也可用一次性塑料漏斗）。冷却后，用无菌镊子将无菌滤膜放置于滤膜支撑网（带网格面朝上），并将漏斗与滤膜支撑网紧密结合。打开真空过滤装置的开关，抽滤 5min。将样品倒入漏斗内过滤，过滤后，将阀门拨回到原点，关闭真空抽滤装置开关。

② 微生物检测。用无菌镊子将滤膜取下，放入相应培养基（a. 细菌总数：营养琼脂；b. 大肠埃希菌：MUG 营养琼脂培养基；c. 大肠菌群：品红亚硫酸钠培养基）中（网格面朝上）进行培养。每个样品平行接种两块平皿，置 35℃±2℃培养 48h，计数平板上相应微生物数量。

思考与拓展

1. 思考

简述检测食品内包材微生物意义。

2. 拓展

掌握食品复合袋大肠菌群的检测。

第三节　食品生产用水常规微生物检验技术

☞ **知识目标**　GB 5749—2022、GB/T 5750.12—2023 标准理解。
☞ **能力目标**　掌握食品生产用水菌落总数、总大肠菌群测定方法。
☞ **职业素养**　学习国内外先进的检验理念，提高检验结果的准确性。

【**理论知识**】

（1）食品生产应能保证水质、水压、水量及其他要求符合生产需要。

（2）食品加工用水的水质应符合《生活饮用水卫生标准》（GB 5749—2022）的规定，对加工用水水质有特殊要求的食品应符合相应规定。间接冷却水、锅炉用水等食品生产用水的水质应符合生产需要。

（3）食品加工用水与其他不与食品接触的用水（如间接冷却水、污水或废水等）应以完全分离的管路输送，避免交叉污染。各管路系统应明确标识以便区分。

（4）自备水源及供水设施应符合有关规定。供水设施中使用的涉及饮用水卫生安全产品还应符合国家相关规定。

【**材料准备**】

（1）培养基：营养琼脂、乳糖蛋白胨培养液（2 倍浓缩）、伊红亚甲蓝培养基、革兰氏染色液。

（2）仪器：高压蒸汽灭菌器、干热灭菌箱、显微镜、培养箱（36℃±1℃）、天平、灭菌刻度吸管（1mL、10mL）或微量移液器及吸头、无菌锥形瓶（容量为 250mL、500mL）、无菌平皿（直径 90mm）、放大镜或菌落计数器。

（3）其他：小导管、载玻片、酒精灯、试管架。

【**操作步骤**】

图 6-2 所示为食品生产用水菌落总数、总大肠菌群检测示意图，参照 GB/T 5750.12—2006。

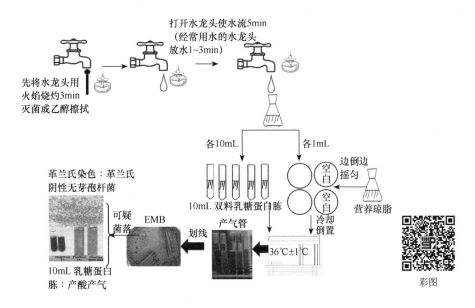

图 6-2　食品生产用水菌落总数、总大肠菌群检测示意图

1. 水样采集

（1）采样容器：选择无菌硼硅玻璃瓶和聚乙烯塑料瓶。

（2）自来水水样：先将水龙头用火焰烧灼 3min 灭菌，再打开水龙头使水流 5min （经常用水的水龙头放水 1～3min）后，采集水样于无菌玻璃瓶，约占瓶容量 80%，以便摇匀水样。

（3）从速送检：水样从采集到检验不应超过 2h，在 4℃ 保存不应超过 24h。

2. 菌落总数检测

（1）以无菌操作方法用灭菌吸管吸取 1mL 充分混匀的水样，注入灭菌平皿中，倾注约 15mL 已熔化并冷却到 45℃ 左右的营养琼脂培养基，并立即旋摇平皿，使水样与培养基充分混匀。每次检验时应做一平行接种，同时另用一个平皿只倾注营养琼脂培养基作为空白对照。

（2）待冷却凝固后，翻转平皿，使底面向上，置于 36℃±1℃ 培养箱内培养 48h，进行菌落计数，即为水样 1mL 中的菌落总数。

（3）菌落计数的报告同 GB 4789.2—2022 要求。

3. 总大肠菌群检测

（1）乳糖发酵实验。食品生产用水（已处理过），可直接接种 5 份水样双料乳糖蛋白胨培养基，每份接种 10mL 水样。

（2）分离培养。将产酸产气的发酵管分别接种在伊红美蓝琼脂平板，于 36℃±1℃ 培养箱内培养 18～24h，观察菌落形态，挑取符合下列特征的菌落做革兰氏染色、镜检和证实实验：深紫黑色、具有金属光泽的菌落；紫黑色、不带或略带金属光泽的菌落；淡紫红色、中心较深的菌落。

（3）证实实验。经上述染色镜检为革兰氏阴性无芽孢杆菌，同时接种乳糖蛋白胨培养液，置 36℃±1℃ 培养箱中培养 24h±2h，有产酸产气者，即证实有总大肠菌群存在。

（4）结果报告。根据证实为总大肠菌群阳性的管数，查表 6-8，如所有乳糖发酵管均阴性时，可报告总大肠菌群未检出。

表 6-8　用 5 份 10mL 水样时各种阳性和阴性结果组合时的最可能数（MPN）

5 个 10mL 管中阳性管数	最可能数（MPN）
0	<2.2
1	2.2
2	5.1
3	9.2
4	16.0
5	>16

【总结】

将食品生产用水菌落总数、总大肠菌群检测结果填入表 6-9。

表 6-9　食品生产用水菌落总数、总大肠菌群检测结果记录表

采样区域					分析日期	
培养温度/℃			相对湿度/%		培养时间	
项目	执行标准	标准要求	实验数据		结果	结论
菌落总数	GB 5749—2022	≤100CFU/mL	10^0	空白		
总大肠菌群		不得检出	10^0			

检测依据：GB/T 5750—2006《生活饮用水标准检验方法》　　　　备注：

思考与拓展

1. 思考

乳糖蛋白胨培养液成分是什么？在乳糖发酵实验中的作用分别是什么？

2. 拓展

建立食品企业生产用水的安全控制程序。

第七章　食品中常见病原微生物检验技术

第一节　沙门氏菌检验技术

☞ **知识目标**　了解 GB 4789.4—2016 工作原理及沙门氏菌的生理生化特性。
☞ **能力目标**　能利用生物学特性进行沙门氏菌的鉴别，掌握沙门氏菌的操作方法。
☞ **职业素养**　依法开展检验工作，严格遵守检验规范。

【理论知识】

沙门氏菌属是一群抗原结构、生化性状相似的革兰氏阴性杆菌。种类繁多，迄今已经发现的沙门氏菌有 2 600 多个血清型，寄生于人类和动物肠道内。沙门氏菌最早是由美国人 Salmon（沙门）发现的，并以此命名。沙门氏菌与食品安全和人类健康密切相关，它是引起食品污染及食物中毒的重要致病菌，是最常见的食源性疾病的病原微生物。人的沙门氏菌病主要有伤寒、副伤寒、食物中毒以及败血症。据统计，在世界各国的细菌性食物中毒中，沙门氏菌引起的食物中毒常列榜首，我国内陆地区也以沙门氏菌食物中毒为首位。

1. **生物学特性**

沙门氏菌属的细菌为（0.6～0.9）μm×（1～3）μm 的两端钝圆的短杆菌（图 7-1），不产芽孢及荚膜，兼性厌氧，多数具有周生鞭毛，能运动，但也有无鞭毛者，不能运动，如鸡沙门氏菌、雏白痢沙门氏菌，而个别种有 Vi 抗原，如伤寒沙门氏菌等。沙门氏菌在 10～43℃内均能生长，具有相当的抗寒性，在 0℃ 以下的冰雪中能存活 3～4 个月。在自然环境的粪便中可存活 1～2 个月。沙门氏菌的耐盐性很强，在含盐 10%～15% 的腌鱼、腌肉

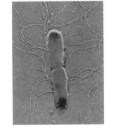

彩图　图 7-1　沙门氏菌电镜图片

中能存活 2～3 个月；高水分活度下生长良好，当水分活度低于 0.94 以下生长受抑；抗热性差，在 60℃经 20～30min 就可被杀死。因此，经蒸煮、巴氏消毒、正常家庭烹调，注意个人卫生等均可防止沙门氏菌污染。沙门氏菌不产生尿素酶，不利用丙二酸钠，不液化明胶，在含有氰化钾（KCN）的培养基上不能生长。在 TFI、亚硫酸铋（BS）琼脂、HE 琼脂、DHL 等选择性培养基上生长，都产生它们特有的特征菌落。

沙门氏菌属以 35～43℃为最适生长温度。一般沙门氏菌在 40～43℃培养能提高阳性检出率，而伤寒沙门氏菌在 37℃培养阳性检出率最高。沙门氏菌最适生长的 pH

值为 6.8～7.8，对营养要求不高，在普通营养培养基上生长良好，培养 18～24h 后，可形成中等大小、圆形、表面光滑、无色半透明、边缘整齐的菌落，在肉汤培养基中均匀生长。

2. 流行病学

（1）沙门氏菌中毒食品多为动物性食品，如各种肉类、蛋类、家禽、水产类及乳类，常见于肉类，尤其是各种熟肉制品，如肉皮冻、熟内脏、猪头肉、剔骨肉、酱卤肉等。多由于对带菌食物加热不够或运输储藏时再次被污染，在食用前又未加热灭菌。

（2）预防措施：生、熟食品的用具和容器分开使用；食品 5℃ 以下低温冷藏；食用市售熟肉制品之前最好再高温处理一次；禽蛋在食用前必须彻底煮沸 8min 以上。

【材料准备】

（1）样品：动物食品。

（2）试剂：缓冲蛋白胨水（BPW）、四硫磺酸钠煌绿（TTB）、亚硒酸盐胱氨酸（SC）、亚硫酸铋（BS）琼脂、HE 琼脂、木糖赖氨酸脱氧胆盐（XLD）琼脂、沙门氏菌属显色培养基、三糖铁（TSI）琼脂、蛋白胨水、靛基质、尿素琼脂、KCN、赖氨酸脱羧酶实验培养基、糖发酵管、邻硝基酚 β-D-半乳糖苷（ONPG）培养基、半固体琼脂、丙二酸钠培养基。

（3）仪器及材料：冰箱（2～5℃）、恒温培养箱（36℃±1℃，42℃±1℃）、均质器、振荡器、电子天平（感量 0.1g）、无菌锥形瓶（容量 500mL、250mL）、无菌吸管（1mL、10mL）、无菌培养皿、无菌试管（3mm×50mm、10mm×75mm）、无菌毛细管、pH 计或 pH 比色管（或精密 pH 试纸）。

【操作步骤】

图 7-2 所示为沙门氏菌检验程序，参照 GB 4789.4—2016。

1. 预增菌

称取 25g（mL）样品放入盛有 225mL BPW 的无菌均质杯或合适容器中，以 8 000～10 000r/min 均质 1～2min，或置于盛有 225m BPW 的无菌均质袋中，用拍击式均质器拍打 1～2min。若样品为液体，不需要均质，振荡混匀。如需调整 pH 值，用 1mol/mL 无菌 NaOH 或 HCl 调 pH 值为 6.8±0.2。无菌操作将样品转至 500mL 锥形瓶或其他合适容器内，如使用均质袋，可直接进行培养，于 36℃±1℃ 培养 8～18h。

如为冷冻产品，应在 45℃ 以下不超过 15min，或 2～5℃ 不超过 18h 解冻。

2. 增菌

轻轻摇动培养过的样品混合物，移取 1mL，转种于 10mL TTB 内，于 42℃±1℃ 培养 18～24h。同时，另取 1mL，转种于 10mL SC 内，于 36℃±1℃ 培养 18～24h。

3. 分离

分别用直径 3mm 的接种环取增菌液 1 环，划线接种于一个 BS 琼脂平板和一个 XLD

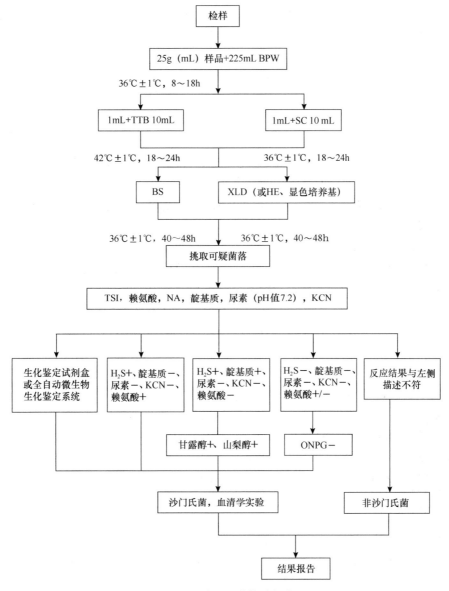

图 7-2　沙门氏菌检验程序

琼脂平板（或 HE 琼脂或沙门氏菌属显色培养基平板），于 36℃±1℃分别培养 40～48h（BS 琼脂平板）或 18～24h（XLD 琼脂平板、HE 琼脂平板、沙门氏菌属显色培养基平板），观察各个平板上生长的菌落，各个平板上的菌落特征见表 7-1。

4. 生化实验

（1）在自选择性琼脂平板上分别挑取 2 个以上典型或可疑菌落，接种三糖铁琼脂，先在斜面划线，再于底层穿刺；接种针不要灭菌，直接接种赖氨酸脱羧酶实验培养基和营养琼脂平板，于 36℃±1℃培养 18～24h，必要时可延长至 48h。在三糖铁琼脂和赖氨酸脱羧酶实验培养基上，沙门氏菌属的反应结果见表 7-2。

表 7-1　沙门氏菌属在不同选择性琼脂平板上的菌落特征

选择性琼脂平板	沙门氏菌
BS 琼脂	菌落为黑色有金属光泽、棕褐色或灰色（图 7-3），菌落周围培养基可呈黑色或棕色；有些菌株形成灰绿色的菌落，周围培养基不变
HE 琼脂	蓝绿色或蓝色，多数菌落中心黑色或几乎全黑色（图 7-4）；有些菌株为黄色，中心黑色或几乎全黑色
XLD 琼脂	菌落呈粉红色，带或不带黑色中心，有些菌株可呈现大的带光泽的黑色中心，或呈现全部黑色的菌落（图 7-5）；有些菌株为黄色菌落，带或不带黑心中心
沙门氏菌属显色培养基	按照显色培养基的说明进行判定（图 7-6）

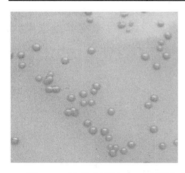

彩图

图 7-3　沙门氏菌在 BS 琼脂上的菌落特征

彩图

图 7-4　沙门氏菌在 HE 琼脂上的菌落特征

彩图

图 7-5　沙门氏菌在 XLD 琼脂上的菌落特征

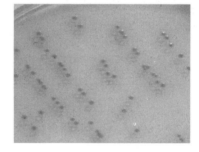

彩图

图 7-6　沙门氏菌在沙门氏菌属显色培养基上的菌落特征

表 7-2　沙门氏菌属在三糖铁琼脂和赖氨酸脱羧酶实验培养基上的反应结果

三糖铁琼脂				赖氨酸脱羧酶实验培养基	初步判断
斜面	底层	产气	硫化氢		
K	A	+（-）	+（-）	+	可疑沙门氏菌属
K	A	+（-）	+（-）	-	可疑沙门氏菌属
A	A	+（-）	+（-）	+	可疑沙门氏菌属
A	A	+/-	+/-		非沙门氏菌属
K	K	+/-	+/-	+/-	非沙门氏菌属

注：K 表示产碱，A 表示产酸；+表示阳性，-表示阴性；+（-）表示多数为阳性，少数为阴性；+/-表示阳性或阴性。

（2）接种三糖铁琼脂和赖氨酸脱羧酶实验培养基的同时，可直接接种蛋白胨水（供做靛基质实验）、尿素琼脂（pH 值 7.2）、氰化钾（KCN）培养基，也可在初步判断结果后从营养琼脂平板上挑取可疑菌落接种。于 36℃±1℃培养 18～24h，必要时可延长至 48h，按表 7-3 判定结果。将已挑菌落的平板储存于 2～5℃或室温至少保留 24h，以备必要时复查。

表 7-3　沙门氏菌属生化反应初步鉴别表

反应序号	硫化氢（H$_2$S）	靛基质	pH 值 7.2 尿素	氰化钾（KCN）	赖氨酸脱羧酶
A1	+	−	−	−	+
A2	+	+	−	−	+
A3	−	−	−	−	+/−

注：＋表示阳性，−表示阴性，＋/−表示阳性或阴性。

① 反应序号 A1。典型反应判定为沙门氏菌属。如尿素、KCN 和赖氨酸脱羧酶 3 项中有 1 项异常，按表 7-4 可判定为沙门氏菌；如有 2 项异常，为非沙门氏菌。

表 7-4　沙门氏菌属生化反应初步鉴别表

pH 值 7.2 尿素	氰化钾（KCN）	赖氨酸脱羧酶	判定结果
−	−	−	甲型副伤寒沙门氏菌
−	+	+	沙门氏菌Ⅳ或沙门氏菌Ⅴ
+	−	+	沙门氏菌个别变体

注：＋表示阳性，−表示阴性。

② 反应序号 A2。补做甘露醇和山梨醇实验，沙门氏菌靛基质变体两项实验结果均为阳性，需要结合血清学鉴定结果进行判定。

③ 反应序号 A3。补做邻硝基酚 β-D-半乳糖苷（ONPG）。ONPG 阴性为沙门氏菌，同时赖氨酸脱羧酶阳性，甲型副伤寒沙门氏菌为赖氨酸脱羧酶阴性。

5. 结果报告

综合以上生化实验的结果，报告 25g（mL）样品中检出或未检出沙门氏菌。

【总结】

1. 结果记录

将沙门氏菌检验结果记录于表 7-5。

2. 注意事项

1）预增菌

（1）缓冲蛋白胨水（BPW）是基础增菌培养基，不含任何抑制成分，有利于受损伤的沙门氏菌复苏，使受损伤的沙门氏菌细胞恢复到稳定的生理状态。缓冲蛋白胨水一般

表 7-5 沙门氏菌检验结果

样品名称				检验编号		
检验日期			验讫日期		检验人	
平板 分离	BS					
	XLD					
	（或）HE					
	（或）显色培养基					
生化 鉴定	硫化氢（H$_2$S）		靛基质	pH 值 7.2 尿素	氰化钾（KCN）	赖氨酸脱羧酶
	说明：用+、-、+/-填写，其中+表示阳性，-表示阴性，+/-表示阳性或阴性					
进一步生化 鉴定	甘露醇			山梨醇	ONPG	
	说明：用+、-、+/-填写，其中+表示阳性，-表示阴性，+/-表示阳性或阴性					
结果 报告						

用于加工食品或冷冻食品的预增菌。目的是使沙门氏菌属得到一定的增殖，增菌时间可按照相应标准的一般规定，但延长增菌时间有时可以提高阳性检出率。增菌培养的温度一般为 36～42℃。

（2）鲜肉、鲜蛋、鲜乳或其他未经加工的食品不必经过预增菌。

2）增菌

（1）四硫磺酸钠煌绿（TTB）增菌液含有胆盐，可抑制革兰氏阳性菌和部分大肠埃希菌的生长，而伤寒与副伤寒沙门氏菌仍能生长。

（2）亚硒酸盐胱氨酸（SC）增菌液可对伤寒及其他沙门菌做选择性增菌，亚硒酸与蛋白胨中的含硫氨基酸结合，形成亚硒酸和硫的复合物，可影响细菌硫代谢，从而抑制大肠埃希菌、肠球菌和变形杆菌的增殖。

3）平板分离

（1）亚硫酸铋（BS）琼脂含有煌绿、亚硫酸铋能抑制大肠埃希菌、变形杆菌和革兰氏阳性菌的生长，但对伤寒、副伤寒等沙门氏菌的生长无影响。伤寒杆菌及其他沙门菌能利用葡萄糖将亚硫酸铋还原成硫酸铋，形成黑色菌落，周围绕有黑色和棕色的环，对光观察可见金属光泽。该培养基制备过程不宜过分加热，以免降低其选择性，应在临用时配制，超过 48h 不宜使用。

此培养基在制作过程中过分加热可使培养基的选择性降低，与 TTB 或 SC 合用可获得更高的检出率。

（2）HE 琼脂在保证细菌所需营养的基础上，加入了一些抑制剂，如胆盐、柠檬酸盐、去氧胆酸钠等，可抑制某些肠道致病菌和革兰氏阳性菌的生长，但对革兰氏阴性的肠道致病菌则无抑制作用。

（3）XLD 琼脂培养基中含有去氧胆酸钠指示剂，在该浓度下的去氧胆酸钠也可作为大肠埃希氏菌的抑制剂，而不影响沙门氏菌属和志贺菌属的生长。XLD 培养基分离沙门菌和志贺菌的敏感性超过了传统的培养基，如 EMB、SS、BS。因这些培养基尚有抑制志贺菌属生长的潜在因素，故本培养基是分离鉴定沙门氏菌及志贺菌属的可靠培养基，在国外广泛使用。

（4）沙门氏菌显色培养基主要用于快速筛选、分离沙门氏菌。其基本原理：利用沙门氏菌特异性酶与显色基团的特有反应，水解底物并释放出显色基因，沙门氏菌在培养基上呈紫色或紫红色，大肠埃希菌等其他肠道杆菌呈蓝绿色。

4）生化鉴定

（1）在 TSI 琼脂中有两个指示剂体系。

酚红：在碱性环境中呈红色，在酸性环境中呈黄色。

硫酸亚铁铵：硫化氢的指示剂，可与硫化氢反应生成硫化铁，呈黑色。$Na_2S_2O_3$ 可防止 H_2S 氧化形成 S—S 键而影响反应。

（2）赖氨酸脱羧酶实验阳性反应为培养基不改变颜色，而培养基变黄色者为阴性反应。本实验一定要设空白对照。培养基需用液体石蜡封盖，阻止空气的氧化作用。

（3）氰化钾实验必须设置对照管（不加氰化钾），若对照管细菌生长良好，实验管细菌不生长，可判定为阴性。若对照管与实验管均无细菌生长，则应重复实验。实验失败的主要原因是封口不严，氰化钾逐渐分解，生成氢氰酸气体逸出，以致药物浓度降低，细菌生长，呈假阳性反应。

 思考与拓展

1. 思考

（1）进行沙门氏菌检验时为什么要进行预增菌和增菌？

（2）沙门氏菌在三糖铁培养基上的反应结果如何？为什么？

2. 拓展

对鲜蛋中的沙门氏菌进行检验。

第二节 志贺菌检验技术

☞ **知识目标** 了解 GB 4789.5—2012 工作原理及志贺菌的生理生化特性。

☞ **能力目标** 能利用生物学特性进行志贺菌的鉴别，掌握志贺菌的操作过程。

☞ **职业素养** 熟悉相关检验规范和食品安全国家标准。

【理论知识】

志贺菌属的细菌（通称痢疾杆菌），是细菌性痢疾的病原菌。临床上能引起痢疾症状的病原生物很多，有志贺菌、沙门氏菌、变形杆菌、大肠埃希菌等，还有阿米巴原虫、鞭毛虫及病毒等均可引起人类痢疾，其中以志贺菌引起的细菌性痢疾最为常见。人类对痢疾杆菌有很高的易感性。在幼儿可引起急性中毒性菌痢，死亡率极高。

1. 生物学性状

志贺菌属细菌的形态与一般肠道杆菌无明显区别，为革兰氏阴性杆菌，长 2～3μm，宽 0.5～0.7μm；不形成芽孢，无荚膜，无鞭毛，有菌毛；需氧或兼性厌氧；营养要求不高，能在普通培养基上生长；最适温度为 37℃，在 60℃，15min 即被杀死；最适 pH 值为6.4～7.8，志贺菌耐酸至 pH 值 2；37℃培养 18～24h 后菌落呈圆形、微凸、光滑湿润、无色、半透明、边缘整齐，直径约 2nm。志贺菌属 4 个群的生化特性见表 7-6。

表 7-6　志贺菌属 4 个群的生化特性

生化群	5%乳糖	甘露醇	棉子糖	甘油	靛基质
A 群：痢疾志贺菌	-	-	-	（+）	-/+
B 群：福氏志贺菌	-	+	+	-	（+）
C 群：鲍氏志贺菌	-	+	-	（+）	-/+
D 群：宋内氏志贺菌	+/（+）	+	+	d	-

注：+表示阳性；-表示阴性；-/+表示多数阴性，少数阳性；（+）表示迟缓阳性；d表示有不同生化型。

不发酵甘露醇的 A 群，即痢疾志贺菌有 1～12 个血清型；发酵甘露醇的 3 个群中，B 群即福氏志贺菌有 1～6 个血清型，C 群即鲍氏志贺菌有 1～18 个血清型，以及 D 群即宋内氏志贺菌。宋内氏志贺菌菌落一般较大，较不透明，并常出现扁平的粗糙型菌落；在液体培养基中呈均匀浑浊生长，无菌膜形成。

沙门氏菌属一般只能利用葡萄糖和甘露糖，分解葡萄糖产酸，不产气。一般认为，碳源被分解时产酸对志贺菌的生长造成毒害。少数菌利用棉子糖等其他糖。大多不发酵乳糖，仅宋内氏志贺菌迟缓发酵乳糖。靛基质产生不定，甲基红阳性，VP 实验阴性，不分解尿素，不产生 H_2S。实验表明，高浓度的氨基酸对志贺菌的生长尤为重要。

2. 流行病学

志贺菌引起的细菌性痢疾多发于夏秋，主要通过消化道途径传播。根据宿主的健康状况和年龄，只需少量病菌（至少为 10 个细胞）进入，就有可能致病。是否发病，取决于细菌数量、致病力（黏附、侵袭力、毒素）和人体的抵抗力。各种志贺菌都可以产生强烈的内毒素，是引起全身毒血症的主要因素。志贺菌还可以产生外毒素（志贺毒素），具有神经毒、细胞毒和肠毒性作用，能引起更严重的临床表现，如溶血性尿毒综合征等。

志贺菌病常为食物爆发型或经水传播。和志贺菌病相关的食品包括色拉（土豆、金枪鱼、虾、通心粉、鸡）、生的蔬菜、乳和乳制品、禽、水果、面包制品和有鳍鱼类。志贺菌在拥挤和不卫生条件下能迅速传播，经常发现于人员大量集中的地方，如餐厅、食堂。食源性志贺菌流行的最主要原因是从事食品加工行业人员患菌痢或带菌者污染食品，食品接触人员个人卫生差，存放已污染的食品温度不适当等。

志贺菌带菌者有以下三种类型。

（1）健康带菌者，是指临床上无肠道症状而又能排出痢疾杆菌者。这种带菌者是主要传染源，特别是饮食业、炊事员和保育员中的带菌者，潜在的危险性更大。

（2）恢复期带菌者，是指临床症状已治愈的病人，仍继续排菌达两周之久者。

（3）慢性带菌者，是指临床症状已治愈，但长期排菌者。

【材料准备】

（1）样品：待检样品。

（2）试剂：志贺菌增菌肉汤-新生霉素、麦康凯（MAC）琼脂、木糖赖氨酸脱氧胆酸盐（XLD）琼脂、志贺菌显色培养基、三糖铁（TSI）琼脂、营养琼脂斜面、半固体琼脂、葡糖胺琼脂、尿素琼脂、β-半乳糖苷酶、氨基酸脱羧酶实验培养基、糖发酵管、西蒙氏柠檬酸盐培养基、黏液酸盐培养基、蛋白胨水、靛基质试剂、生化鉴定试剂盒。

（3）仪器及材料：除微生物实验室常规及培养设备外，其他设备和材料如电子天平（称取检样用）、恒温培养箱、膜过滤系统、厌氧培养装置、均质器、振荡器、无菌吸管（1mL、10mL）或微量移液器及吸头、无菌均质杯或无菌均质袋（容量500mL）、无菌培养皿（直径90mm）、pH计或pH比色管（或精密pH试纸）、全自动微生物生化鉴定系统。

【操作步骤】

图7-7所示为志贺菌检验程序，参照GB 4789.5—2012。

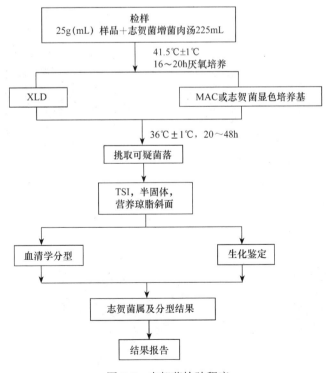

图7-7　志贺菌检验程序

1. 增菌

以无菌操作取检样 25g（mL），加入装有灭菌 225mL 志贺菌增菌肉汤的均质杯，用旋转刀片式均质器以 8 000～10 000r/min 均质；或加入装有 225mL 志贺菌增菌肉汤的均质袋中，用拍击式均质器连续均质 1～2min，液体样品振荡混匀即可。于 41.5℃±1℃，厌氧培养 16～20h。

2. 分离

取增菌后的志贺菌增菌液分别划线接种于 XLD 琼脂平板和 MAC 琼脂平板或志贺菌显色培养基平板上，于 36℃±1℃培养 20～24h，观察各个平板上生长的菌落形态。宋内氏志贺菌的单个菌落直径大于其他志贺菌。若出现的菌落不典型或菌落较小不易观察，则继续培养至48h再进行观察。志贺菌在不同选择性琼脂平板上的菌落特征见表7-7。

表 7-7　志贺菌在不同选择性琼脂平板上的菌落特征

选择性琼脂平板	志贺菌的菌落特征
MAC 琼脂	无色至浅粉红色，半透明，光滑，湿润，圆形，边缘整齐或不齐（图 7-8）
XLD 琼脂	粉红色至无色，半透明，光滑，湿润，圆形整齐或不齐（图 7-9）
志贺菌显色培养基	白色，不透明，圆形，边缘不整齐，直径 1～3mm，菌落周围琼脂颜色变为紫红色（图 7-10）

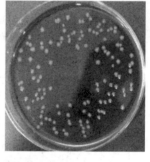

彩图　　　　彩图

图 7-8　志贺菌在 MAC 琼脂　　　图 7-9　志贺菌在 XLD 琼脂
平板上的菌落特征　　　　　　平板上的菌落特征

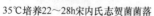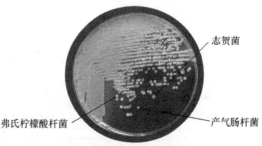

35℃培养22～28h宋内氏志贺菌菌落　　　35℃培养22～28h志贺菌和
其他肠杆菌科细菌　　　彩图

图 7-10　志贺菌在志贺菌显色培养基的菌落特征

22～28h 培养后为白色/清晰的，大小为 1.0～3.0mm，有或无清晰的环为志贺菌可疑菌落，其他肠杆菌科细菌则显示为不同颜色的菌落。

3. 初步生化实验

（1）自选择性琼脂平板上分别挑取两个以上典型或可疑菌落，分别接种 TSI、半固体和营养琼脂斜面各一管，置 36℃±1℃培养 20～24h，分别观察结果。

（2）凡是三糖铁琼脂中斜面产碱、底层产酸（发酵葡萄糖，不发酵乳糖，蔗糖）、不产气（福氏志贺菌 6 型可产生少量气体）、不产硫化氢、半固体管中无动力的菌株，挑取（1）中已培养的营养琼脂斜面上生长的菌苔，进行生化实验。

4. 生化实验及附加生化实验

1）生化实验

用初步生化实验（1）中已培养的营养琼脂斜面上生长的菌苔，进行生化实验，即 β-半乳糖苷酶、尿素、赖氨酸脱羧酶、鸟氨酸脱羧酶及水杨苷和七叶苷的分解实验。除宋内氏志贺菌、鲍氏志贺菌 13 型的鸟氨酸阳性；宋内氏菌和痢疾志贺菌 1 型、鲍氏志贺菌 13 型的 β-半乳糖苷酶为阳性外，其余生化实验志贺菌属的培养物均为阴性结果，见表 7-8。

表 7-8 志贺菌属 4 个群的生化特征

生化反应	A 群：痢疾志贺菌	B 群：福氏志贺菌	C 群：鲍氏志贺菌	D 群：宋内氏志贺菌
β-半乳糖苷酶	_[a]	–	_[a]	+
尿素	–	–	–	–
赖氨酸脱羧酶	–	–	–	–
鸟氨酸脱羧酶	–	–	_[b]	+
水杨苷	–	–	–	–
七叶苷	–	–	–	–
靛基质	–/+	（+）	–/+	–
甘露醇	–	+[c]	+	+
棉子糖	–	+	–	+
甘油	（+）		（+）	d

注：＋表示阳性，－表示阴性，－/+表示多数阴性，+/–表示多数阳性，（＋）表示迟缓阳性，d 表示有不同生化型。

a 痢疾志贺 1 型和鲍氏 13 型为 β-半乳糖苷酶阳性。

b 鲍氏 13 型为鸟氨酸阳性。

c 福氏 4 型和 6 型常见甘露醇阴性变种。

2）附加生化实验

由于某些不活泼的大肠埃希菌、A-D（alkalescens-D isparbiotypes，碱性-异型）菌的部分生化特性与志贺菌相似。因此前面生化实验符合志贺菌属生化特性的培养物还需另加葡糖胺、西蒙氏柠檬酸盐、黏液酸盐实验（36℃培养 24～48h）。志贺菌属和不活泼大肠埃希菌、A-D 菌的生化特性区别见表 7-9。

表 7-9　志贺菌属和不活泼大肠埃希菌、A-D 菌的生化特性区别

生化反应	A 群：痢疾志贺菌	B 群：福氏志贺菌	C 群：鲍氏志贺菌	D 群：宋内氏志贺菌	大肠埃希菌	A-D 菌
葡糖胺	–	–	–	–	+	+
西蒙氏柠檬酸盐	–	–	–	–	d	d
黏液酸盐	–	–	–	d	+	d

注：＋表示阳性，–表示阴性，d 表示有不同生化型。

在葡糖胺、西蒙氏柠檬酸盐、黏液酸盐实验 3 项反应中志贺菌一般为阴性，而不活泼的大肠埃希菌、A-D（碱性-异型）菌至少有一项反应为阳性。

如选择生化鉴定试剂盒或全自动微生物生化鉴定系统，可根据初步生化实验 3（2）的初步判断结果，用初步生化实验 3（1）中已培养的营养琼脂斜面上生长的菌苔，使用生化鉴定试剂盒和全自动微生物生化鉴定系统进行鉴定。

5. 报　告

综合以上综合生化实验鉴定的结果，报告 25g（mL）样品中检出或未检出志贺菌。

【总结】

1. 结果记录

将志贺菌检验结果记录于表 7-10 中。

表 7-10　志贺菌检验结果

样品名称			检验编号						
检验日期			验讫日期			检验人			
平板分离	XLD 琼脂								
	MAC 琼脂								
	志贺菌显色培养基								
初步生化实验	TSI		底层产酸		斜面产碱		H₂S		
	葡萄糖半固体		产气			动力			
	说明：用＋、–、＋/–填写，其中＋表示阳性；–表示阴性；＋/–表示阳性或阴性								
生化实验	β-半乳糖苷酶	尿素	赖氨酸脱羧酶	鸟氨酸脱羧酶	水杨苷	七叶苷	靛基质	甘露醇	棉子糖	甘油
	说明：用＋、–、＋/–填写，其中＋表示阳性，–表示阴性，–/＋表示多数阴性，＋/–表示多数阳性，（＋）表示迟缓阳性								
附加生化实验	葡糖胺		西蒙氏柠檬酸盐		黏液酸盐				
	说明：用＋、–、＋/–填写，其中＋表示阳性，–表示阴性								
结果报告									

2. 注意事项

（1）志贺菌在常温存活期很短，因此，当样品采集后，应尽快进行检验。如果在 24h 内检验，样品可保存在冰箱内，如欲保存较长时间，必须放在低温冰箱内。宋内氏志贺菌和福氏志贺菌 2a 型，在牛乳中，于-25℃可存活 100d；在鸡蛋和水产品中，于-20℃可存活 20d。

（2）使用志贺菌增菌肉汤-新生霉素进行增菌，可排除革兰氏阳性菌和部分革兰氏阴性肠杆菌的干扰。由于志贺菌可以在 41.5℃生长，因而在厌氧环境 41.5℃培养，可排除需氧菌和大部分不耐热的厌氧菌与兼性厌氧菌的干扰，有效地提高志贺菌的数量，有助于进一步分离与鉴定。

（3）在 XLD 琼脂平板和 MAC 琼脂平板或志贺菌显色培养基平板上划线分离志贺菌，可提高检出率。志贺菌不发酵乳糖，不产酸，酸碱指示剂不发生颜色变化，菌落也没有颜色变化。因此，挑取平板上无色透明或粉红色、浅粉红色（志贺菌显色培养基，按照显色培养基的说明进行判定）可疑菌落进行初步生理生化实验。

 思考与拓展

1. 思考

（1）志贺菌在 XLD 琼脂、MAC 琼脂平板上的菌落特征是怎样的？说明机理。
（2）食品中志贺菌检验有哪些基本步骤？

2. 拓展

对鲜蛋中志贺菌进行检验。

第三节　致泻大肠埃希菌检验技术

- ☞ **知识目标**　了解 GB 4789.6—2016 工作原理及致泻大肠埃希菌的生理生化特性。
- ☞ **能力目标**　能利用生物学特性进行致泻大肠埃希菌的鉴别，掌握致泻大肠埃希菌检验的操作方法。
- ☞ **职业素养**　熟练掌握食品安全标准和检验方法的原理。

【理论知识】

大肠埃希菌属肠杆菌科，埃希菌属，为革兰氏阴性杆菌。大肠埃希菌作为正常菌群存在于人和动物的肠道中，并广泛存在于自然界。多数菌株不致病，在一定条件下可引起肠道外感染。

致泻大肠埃希菌是一类能引起人体以腹泻症状为主的大肠埃希菌，可经过污染食物

引起人类发病。现在已经确认能够对人类产生致病性的菌株有 5 种，分别是肠致病性大肠埃希菌（EPEC）、肠产毒性大肠埃希菌（ETEC）、肠侵袭性大肠埃希菌（EIEC）、产志贺毒素大肠埃希菌（VTEC）[包括肠出血性大肠埃希菌（EHEC）]、肠集聚性大肠埃希菌（EAEC）。致泻大肠埃希菌与非致病性大肠埃希菌在形态、培养特性及生化特性上是不能区别的，只能用血清学方法按抗原性质来区分。主要分为肠外感染和肠内感染。肠外感染多为机会感染，主要引起尿路感染、新生儿脑膜炎、败血症及其他部位的感染。肠内感染由致病大肠埃希菌引起，主要表现为腹泻。

【材料准备】

（1）样品：待检样品。

（2）试剂：营养肉汤、肠道菌增菌肉汤、麦康凯（MAC）琼脂、伊红亚甲蓝（EMB）琼脂、三糖铁（TSI）琼脂、蛋白胨水、尿素琼脂、靛基质试剂、革兰氏染色液、BHI肉汤、福尔马林（含 38%～40%甲醛）、鉴定试剂盒、大肠埃希菌诊断血清、灭菌去离子水、0.85%灭菌生理盐水、致泻大肠埃希菌 PCR 试剂盒。

（3）仪器及材料：恒温培养箱（36℃±1℃，42℃±1℃）、冰箱（2～5℃）、恒温水浴锅（100℃，50℃±1℃）、电子天平（感量为 0.1g 和 0.01g）、显微镜、均质器、振荡器、无菌吸管（1mL、10mL）、无菌均质杯或无菌均质袋（500mL）、无菌培养皿（90mm）、pH 计或精密 pH 试纸、微量离心管（1.5mL 或 2.0mL）、接种环（1μL）、低温高速离心机（转速大于等于 13 000r/min，控温 4～8℃）、微生物鉴定系统、PCR 仪、微量移液器及吸头（0.5～2μL，2～20μL，20～200μL，200～1 000μL）、水平电泳仪、8 联排管和 8连排盖、凝胶成像仪。

【操作步骤】

图 7-11 所示为致泻大肠埃希菌的检验程序，参照 GB 4789.6—2016。

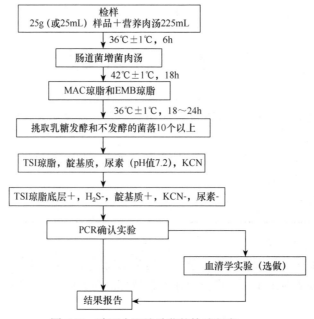

图 7-11　致泻大肠埃希菌的检验程序

1. 样品制备

（1）固态或半固态样品。以无菌操作称取检样 25g，加入装有 225mL 营养肉汤的均质杯中，用旋转刀片式均质器以 8 000～10 000r/min 均质 1～2min；或加入装有 225mL 营养肉汤的均质袋中，用拍击式均质器均质 1～2min。

（2）液态样品。以无菌操作量取检样 25mL，加入装有 225mL 营养肉汤的无菌锥形瓶（瓶内可预置适当数量的无菌玻璃珠），振荡混匀。

2. 增菌

将制备的样品匀液于 36℃±1℃培养 6h。取 10μL，接种于 30mL 肠道菌增菌肉汤管内，于 42℃±1℃培养 18h。

3. 分离

将增菌液划线接种 MAC 琼脂和 EMB 琼脂平板，于 36℃±1℃培养 18～24h，观察菌落特征。在 MAC 琼脂平板上，分解乳糖的典型菌落为砖红色至桃红色，不分解乳糖的菌落为无色或淡粉色；在 EMB 琼脂平板上，分解乳糖的典型菌落为中心紫黑色或不带金属光泽，不分解乳糖的菌落为无色或浅粉色。

4. 生化实验

（1）选取平板上可疑菌落 10～20 个（10 个以下全选），应挑取乳糖发酵，以及乳糖不发酵和迟缓发酵的菌落，分别接种 TSI 琼脂斜面。同时将这些培养物分别接种蛋白胨水、尿素琼脂（pH 值 7.2）和 KCN 肉汤。于 36℃±1℃培养 18～24h。

（2）TSI 琼脂斜面产酸或不产酸，底层产酸，靛基质阳性，H_2S 阴性和尿素酶阴性的培养物为大肠埃希菌。TSI 琼脂斜面底层不产酸，或 H_2S、KCN、尿素有任一项为阳性的培养物，均非大肠埃希菌。必要时做氧化酶实验和革兰氏染色。大肠埃希菌为革兰氏阴性杆菌，氧化酶阴性。

（3）如选择生化鉴定试剂盒或微生物鉴定系统，可从营养琼脂平板上挑取经纯化的可疑菌落，用无菌稀释液制备浊度适当的菌悬液，使用生化鉴定试剂或微生物鉴定系统进行鉴定。

5. PCR 确认实验

（1）取生化反应符合大肠埃希菌特征的菌落进行 PCR 确认实验。

（2）PCR 实验室区域设计、工作基本原则及注意事项应参照《疾病预防控制中心建设标准》（建标 127—2009）和 2010 年卫生部办公厅印发的《医疗机构临床基因扩增管理办法》（卫办医政发〔2010〕194 号）附件（医疗机构临床基因扩增检验实验室工作导则）。大肠埃希菌特征的菌落 PCR 确认实验具体流程见 GB 4789.6—2016 标准文件。

【总结】

1. 结果记录

将致泻大肠埃希菌检验结果记录于表 7-11。

表 7-11　致泻大肠埃希菌检验结果

样品名称				检验编号		
检验日期			验讫日期		检验人	
平板分离	MAC 琼脂					
	EMB 琼脂					
生化实验	TSI 琼脂	底层产酸		斜面产碱		H₂S
	靛基质	pH 值 7.2	尿素	KCN	赖氨酸	动力实验
	说明：用＋、－、＋/-填写，其中＋表示阳性，-表示阴性，＋/-表示阳性或阴性					
PCR 确认 结果判定						
结果报告						

2. 注意事项

（1）大肠埃希菌在某些食品中的抵抗力（如含亚硝酸盐的咸食品）或对某些处理过程的抵抗力弱于致病菌。当它与致病菌同时存在时，只有在食品受污染后立即检验才能保证大肠埃希菌的计数结果与粪便的污染成正比。如果受污染的食品不立即取样检验，经储存或放置后食品的检验结果可能产生以下问题：

① 大肠埃希菌可能全部死亡，检验不出起始的粪便污染，就会误认为其他肠道菌也已被全部杀死。

② 大肠埃希菌的数量与被污染时的数量大致相同，但不能说其他肠道菌也与刚污染时一样。

③ 大肠埃希菌已经生长并增殖，在这种情况下，必须假设适合大肠埃希菌生长繁殖的环境也适合其他致病菌的生长繁殖。所以，即使检出大量大肠埃希菌，也不能说食品的粪便污染是近期的或严重的，只能认为食品中有肠道致病菌存在的可能性。

（2）典型的大肠埃希菌 IMViC 实验用来测定菌的生理生化特征的 4 个实验：VP实验、MR 实验、靛基质实验、柠檬酸盐利用实验结果为"＋＋—"或"-＋--"。该结果表示食品已经被粪便污染，有传播肠道传染病的危险。

（3）采用细菌基因组提取试剂盒和商品化 PCR 试剂盒或多重聚合酶链反应（MPCR）试剂盒，应按照试剂盒说明进行操作和结果判定。

 思考与拓展

1. 思考

（1）大肠埃希菌在 EMB 平板上的菌落特征如何？为什么？

（2）简述大肠埃希菌 IMViC 生化实验现象。

2．拓展

对熟肉制品中致泻大肠埃希菌进行检验。

第四节　金黄色葡萄球菌检验技术

- ☞ **知识目标**　了解 GB 4789.10—2016 检验原理及金黄色葡萄球菌的生理生化特性。
- ☞ **能力目标**　能利用生物学特性进行金黄色葡萄球菌的鉴别，掌握金黄色葡萄球菌的操作方法。
- ☞ **职业素养**　严格按照食品安全标准、检验规范的规定开展检验工作。

【理论知识】

1880 年，巴斯德首次从一患者瘀肿的脓汁中发现葡萄状排列的细菌，将其给家兔注射后可致脓疮。1881 年，Ogsten（奥格斯藤）确证化脓过程中是由某种菌所致，1883 年，Becker（贝克尔）获得了纯培养，该菌为微球菌科葡萄球菌属。葡萄球菌因堆聚成葡萄串状而得名，为最常见的化脓性球菌。葡萄球菌属目前有 32 种，寄生人体的有 16 种，大部分为腐生或寄生菌，也有一些致病的球菌。其中只有金黄色葡萄球菌能产生血浆凝固酶，称为血浆凝固酶阳性葡萄球菌。金黄色葡萄球菌在自然界中无处不在，空气、土壤、水、饲料、食品、灰尘及人和动物的排泄物中都可以找到，因此，食品受污染的机会很多。近年来，据美国疾病控制中心报告，由金黄色葡萄球菌引起的感染占第二位，仅次于大肠埃希菌，由金黄色葡萄球菌肠毒素引起的食物中毒占整个细菌性食物中毒的 33%；在加拿大则更多，占 45%；我国每年发生的此类中毒事件也非常多。金黄色葡萄球菌肠毒素引起的食物中毒已成为世界性的卫生问题。

1．生物学特性

1）形态与染色

典型的葡萄球菌呈球形，直径为 0.5～1.0μm，常以葡萄串状排列，但有时也可见散状、成双或呈短链状存在（图 7-12）；无鞭毛，无芽孢，体外培养一般不形成荚膜，但体内菌株荚膜形成较为常见。与非致病葡萄球菌相比，致病葡萄球菌各个菌体的大小及排列较整齐。细菌繁殖时呈多个平面的不规则分裂，堆积成为葡萄串状。葡萄球菌在液体培养基中生长，常呈双球状或短链状排列，易被误认为链球菌，易被碱性染料着色，革兰氏染色阳性；当衰老、死亡或被白细胞吞噬或在青霉素等药物的影响下，菌体可被染色成为革兰氏阴性。

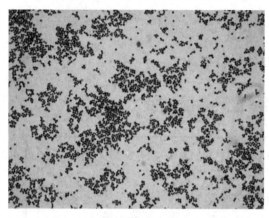

图 7-12　金黄色葡萄球菌形态特征

彩图

2）培养特性

该菌营养要求不高，在普通培养基上生长良好；需氧或兼性厌氧，最适生长温度为37℃，最适 pH 值为7.4；耐盐性强，在含 10%～15%氯化钠的培养基中能生长，在含有20%～30% CO_2 的环境中培养，可产生大量的毒素。

在肉汤中呈浑浊生长，在胰酪胨大豆肉汤内有时液体澄清，菌量多时呈浑浊生长，血平板上菌落呈金黄色，有时也为白色，大而突起，圆形，不透明，表面光滑，周围有溶血圈。在 Baird-Parker 平板上为圆形，湿润，直径为 2～3mm，颜色呈灰色到黑色，边缘色淡，周围为一浑浊带，在其外层有一透明圈，用接种针接触菌落，似有奶油树胶的硬度。偶然会遇到非脂肪溶解的类似菌落，但无浑浊带及透明带。长期保存的冷冻或干燥食品中分离的菌落所产生的黑色较淡些，外观可能粗糙且干燥。

3）生化特性

本属细菌大多数能分解乳糖、葡萄糖、麦芽糖、蔗糖，产酸不产气；致病菌多能分解甘露醇，产酸；甲基红阳性，VP 反应为弱阳性，多数菌株可分解精氨酸产氨，水解尿素，还原硝酸盐，不产生吲哚。此外，致病菌还能液化明胶。

2. 流行病学

金属色葡萄球菌所致流行病呈季节分布，多见于春夏季；中毒食品种类多，如乳、肉、蛋、鱼及其制品。此外，剩饭、油煎蛋、糯米糕及凉粉等引起的中毒事件也有报道。上呼吸道感染患者鼻腔带菌率 83%，所以人畜化脓性感染部位常成为污染源。一般来说，金黄色葡萄球菌可通过以下途径污染食品：食品加工人员、炊事员或销售人员带菌，造成食品污染；食品在加工前本身带菌，或在加工过程中受到了污染，产生了肠毒素，引起食物中毒；熟食制品包装不严，在运输过程中受到污染；奶牛患化脓性乳腺炎或禽畜局部化脓时，对肉体其他部位的污染。

肠毒素形成条件：存放温度在37℃内，温度越高，产毒时间越短；存放地点通风不良，造成氧分压低，易形成肠毒素；含蛋白质丰富，水分多，同时含一定量淀粉的食物，肠毒素易生成。

3. 致病性

金黄色葡萄球菌是人类化脓感染中最常见的病原菌，可引起局部化脓感染，也可引起肺炎、伪膜性肠炎、心包炎等，甚至败血症、脓毒症等全身感染。金黄色葡萄球菌的致病力强弱主要取决于其产生的毒素和侵袭性酶。

（1）溶血毒素：属于外毒素，分为α、β、γ、δ4种，能损伤血小板，破坏溶酶体，引起人体局部缺血和坏死。

（2）杀白细胞素：可破坏人的白细胞和巨噬细胞。

（3）血浆凝固酶：当金黄色葡萄球菌侵入人体时，该酶使血液或血浆中的纤维蛋白沉积于菌体表面或凝固，阻碍吞噬细胞的吞噬作用，葡萄球菌形成的感染易局部化与此酶有关。

（4）脱氧核糖核酸酶：金黄色葡萄球菌产生的脱氧核糖核酸酶能耐受高温，可用来作为鉴定金黄色葡萄球菌的依据。

（5）肠毒素：金黄色葡萄球菌能产生数种引起急性胃肠炎的蛋白质性肠毒素，分为A、B、C、D、E及F5种血清型。肠毒素可耐受100℃煮沸30min而不被破坏。它引起的食物中毒症状是呕吐和腹泻。此外，金黄色葡萄球菌还产生溶表皮素、明胶酶、蛋白酶、脂肪酶、肽酶等。

金黄色葡萄球菌定性检验（第一法）

【材料准备】

（1）样品：待检样品。

（2）试剂：7.5% NaCl肉汤、血琼脂平板、Baird-Parker平板、脑心浸出液肉汤（BHI）、兔血浆、稀释液、营养琼脂小斜面、革兰氏染色液、无菌生理盐水。

（3）仪器及材料：恒温培养箱（36℃±1℃）、冰箱（2～5℃）、恒温水浴箱（36～65℃）、天平（感量0.1g）、均质器、振荡器、无菌吸管（1mL、10mL）或微量移液器及吸头、无菌锥形瓶（100mL、500mL）、无菌培养皿（直径90mm）。

【操作步骤】

图7-13所示为金黄色葡萄球菌定性检验程序，参照GB 4789.10—2016第一法。

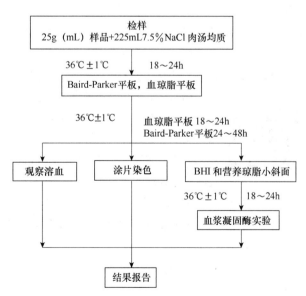

图7-13　金黄色葡萄球菌定性检验程序

1. 样品处理

称取 25g 样品至盛有 225mL7.5% NaCl 肉汤的无菌均质杯内，8 000～10 000r/min 均质 1～2min，或放入盛有 225mL7.5% NaCl 肉汤或 10% NaCl 胰酪胨人豆肉汤的无菌均质袋中，用拍击式均质器拍打 1～2min。若样品为液态，吸取 25mL 样品至盛有 225mL7.5% NaCl 肉汤无菌锥形瓶（瓶内可预置适当数量的无菌玻璃珠）中，振荡混匀。

2. 增菌和分离培养

（1）将上述样品匀液于 36℃±1℃培养 18～24h。金黄色葡萄球菌在 7.5% NaCl 肉汤中呈浑浊生长，污染严重时在 10% NaCl 胰酪胨大豆肉汤内呈浑浊生长。

（2）将上述培养物分别划线接种到 Baird-Parker 平板和血琼脂平板，血琼脂平板于 36℃±1℃培养 18～24h。Baird-Parker 平板于 36℃±1℃培养 24～48h。

（3）金黄色葡萄球菌在 Baird-Parker 平板上，菌落直径为 2～3mm，颜色呈灰色到黑色，边缘为淡色，周围为一浑浊带，在其外层有一透明圈。用接种针接触菌落有似奶油至树胶样的硬度，偶然会遇到非脂肪溶解的类似菌落，但无浑浊带及透明圈。长期保存的冷冻或干燥食品中所分离的菌落比典型菌落所产生的黑色较淡些，外观可能粗糙且干燥。在血琼脂平板上形成的菌落较大，圆形，光滑凸起，湿润，金黄色（有时为白色），菌落周围可见完全透明溶血圈。挑取上述菌落进行革兰氏染色镜检及血浆凝固酶试验。

3. 鉴定实验

（1）染色镜检。金黄色葡萄球菌为革兰氏阳性球菌，排列呈葡萄球状，无芽孢，无荚膜，直径为 0.5～1μm。

（2）血浆凝固酶实验。挑取 Baird-Parker 平板或血琼脂平板上可疑菌落 1CFU 或以上，分别接种到 5mL BHI 和营养琼脂小斜面，36℃±1℃培养 18～24h。

取新鲜的兔血浆 0.5mL，放入小试管中，再加入 BHI 培养物 0.2～0.3mL，振荡摇匀，置 36℃±1℃恒温培养箱或水浴箱内，每 0.5h 观察一次，观察 6h，如呈现凝固状态（即将试管倾斜或倒置时，呈现凝块）或凝固体积大于原体积的一半，则判定为阳性结果。同时以血浆凝固酶实验阳性和阴性葡萄球菌菌株的肉汤培养物作为对照。也可用商品化的试剂，按说明书操作，进行血浆凝固酶实验（图 7-14）。

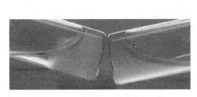

图 7-14　血浆凝固酶实验

实验结果如可疑，挑取营养琼脂小斜面的菌落到 5mL BHI 培养基，于 36℃±1℃培养 18～48h，重复实验。

4. 结果与报告

在 25g（mL）样品中检出或未检出金黄色葡萄球菌。

【总结】

1. 结果记录

将金黄色葡萄球菌检验结果记录于表 7-12 中。

表 7-12　金黄色葡萄球菌检验结果

样品名称			检验编号		
检验日期		验讫日期		检验人	
平板分离	Baird-Parker 平板				
	血琼脂平板				
鉴定实验	革兰氏染色				
	血浆凝固酶实验				
结果报告					

2. 注意事项

（1）血浆凝固酶实验可选用人血浆或兔血浆。用人血浆凝固的时间短，约 93.6%的阳性菌在 1h 内凝固。用兔血浆 1h 内凝固的阳性菌株仅达 86%，大部分菌株可在 6h 内凝固。

（2）若被检菌为陈旧的培养物（超过 18～24h），或生长不良，可能造成凝固酶活性低，出现假阴性。

（3）不能使用甘露醇氯化钠琼脂上的菌落做血浆凝固酶实验，因所有高盐培养基都可以抑制 A 蛋白的产生，造成假阴性结果。

（4）不要用力振摇试管，以免凝块振碎。

（5）实验必须设阳性（标准金黄色葡萄球菌）、阴性（白色葡萄球菌）、空白（肉汤）对照。

（6）当食品中检出金黄色葡萄球菌时，表明食品的加工卫生条件较差，并不一定说明该食品导致了食物中毒。但当食品中未分离出金黄色葡萄球菌时，也不能证明食品中不存在葡萄球菌肠毒素。

 思考与拓展

1. 思考

（1）金黄色葡萄球菌有哪些生物学特性？
（2）金黄色葡萄球菌在血琼脂平板和 Baird-Parker 平板上的菌落特征是怎样的？

2. 拓展

对糕点金黄色葡萄球菌进行检验。

金黄色葡萄球菌平板计数法（第二法）

【材料准备】

（1）样品：待检样品。

（2）试剂：磷酸盐缓冲液、无菌生理盐水、Baird-Parker 平板、脑心浸出液肉汤（BHI）、兔血浆、营养琼脂小斜面。

（3）仪器及材料：恒温培养箱（36℃±1℃）、冰箱（2～5℃）、恒温水浴箱（37～65℃）、天平（感量0.1g）、均质器、振荡器、无菌吸管（1mL、10mL）或微量移液器及吸头、无菌锥形瓶（100mL、500mL）、无菌培养皿（直径90mm）、注射器（0.5mL）、pH计或pH比色管（或精密pH试纸）。

【操作步骤】

图 7-15 所示为金黄色葡萄球菌平板计数程序，图 7-16 所示金黄色葡萄球菌平板计数流程图，参照 GB 4789.10—2016 第二法。

1. 样品的稀释

样品的稀释同食品卫生菌落总数检验。

2. 样品的接种

根据对样品污染的估计，选择 2～3 个适宜稀释度的样品匀液（液体样品可包括原液）。在进行 10 倍递增稀释时，每个稀释度分别吸取 1mL 样品匀液以 0.3mL、0.3mL、0.4mL 接种量分别加入 3 个 Baird-Parker 平板，然后用无菌 L 形玻璃棒涂布整个平板，注意不要触及平板边缘。

3. 培养

在通常情况下，涂布平板后，将平板静置 10min，如样液不易吸收，可将平板放在培养箱36℃±1℃培养1h；等样品匀液吸收后翻转平皿，倒置于培养箱，36℃±1℃培养45～48h。

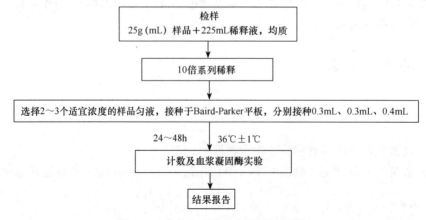

图 7-15　金黄色葡萄球菌平板计数程序

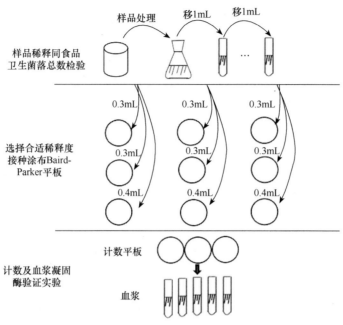

图 7-16　金黄色葡萄球菌平板计数流程图

4. 结果计算

选择有典型的金黄色葡萄球菌，且同一稀释度 3 个平板所有菌落数合计在 20～200CFU 的平板，计数典型菌落数。并从典型菌落中任选 5CFU 菌落（小于 5CFU 全选），分别按第一法做血浆凝固酶实验。如果：

（1）只有一个稀释度平板的菌落数为 20～200CFU 且有典型菌落，计数该稀释度平板上的典型菌落。

（2）最低稀释度平板的菌落数小于 20CFU 且有典型菌落，计数该稀释度平板上的典型菌落。

（3）某一稀释度平板的菌落数大于 200CFU 且有典型菌落，但下一稀释度平板上没有典型菌落，应计数该稀释度平板上的典型菌落。

（4）某一稀释度平板的菌落数大于 200CFU 且有典型菌落，且下一稀释度平板上有典型菌落，但其平板上的菌落数不在 20～200CFU，应计数该稀释度平板上的典型菌落。

以上按式（7-1）计算，应用例见表 7-13。

$$T=\frac{AB}{Cd} \tag{7-1}$$

式中，T——样品中金黄色葡萄球菌菌落数；

A——某一稀释度典型菌落的总数；

B——某一稀释度血浆凝固酶阳性的菌落数；

C——某一稀释度用于血浆凝固酶实验的菌落数；

d——稀释因子。

表 7-13　式（7-1）应用例

样品稀释度	10^{-1}
典型菌落数	65
用于做血浆凝固酶实验菌落数	5
血浆凝固酶阳性菌落数	4
结果计算	$T=\dfrac{AB}{Cd}=\dfrac{65\times4}{5\times0.1}=520$

（5）2 个连续稀释度的平板菌落数均在 20～200CFU/g（mL），应按式（7-2）计算，应用例见表 7-14。

$$T=\frac{A_1B_1/C_1+A_2B_2/C_2}{1.1d} \tag{7-2}$$

式中，T——样品中金黄色葡萄球菌菌落数；

A_1——第一稀释度（低稀释倍数）典型菌落的总数；

A_2——第二稀释度（高稀释倍数）典型菌落的总数；

B_1——第一稀释度（低稀释倍数）血浆凝固酶阳性的菌落数；

B_2——第二稀释度（高稀释倍数）血浆凝固酶阳性的菌落数；

C_1——第一稀释度（低稀释倍数）用于血浆凝固酶实验的菌落数；

C_2——第二稀释度（高稀释倍数）用于血浆凝固酶实验的菌落数；

1.1——计算系数；

d——稀释因子（第一稀释度）。

表 7-14　式（7-2）应用例

样品稀释度	10^{-1}	10^{-2}
典型菌落数	183	21
用于做血浆凝固酶的菌落数	5	5
血浆凝固酶阳性菌落数	3	2
结果计算	$T=\dfrac{A_1B_1/C_1+A_2B_2/C_2}{1.1d}=\dfrac{183\times3/5+21\times2/5}{1.1\times0.1}\approx1100$	

5. 结果报告

根据 Baird-Parker 平板上金黄色葡萄球菌的典型菌落数，报告每 1g（mL）样品中的菌数，以 CFU 表示；如 T 为 0，则以小于 1 乘以最低稀释倍数报告。

【总结】

将金黄色葡萄球菌平板检验结果填入表 7-15。

表 7-15 金黄色葡萄球菌平板检验结果

样品名称							样品采集编号					分析日期		
室温/℃							相对湿度/%					产品标准		
稀释度	实验数据											标准要求	报告结果	结论
平板菌落数														
典型菌落数														
血浆凝固酶阳性菌落数/用于做血浆凝固酶的菌落数														
测定依据				计算公式								备注		

思考与拓展

对奶粉中金黄色葡萄球菌进行检验。

第五节 副溶血性弧菌检验技术

☞ **知识目标** 了解 GB 4789.7—2013 工作原理及副溶血性弧菌的生理生化特性。
☞ **能力目标** 能利用生物学特性进行副溶血性弧菌的鉴别，熟悉副溶血性弧菌检验过程。
☞ **职业素养** 能对食品安全事故致病因子进行鉴定。

【理论知识】

副溶血性弧菌是一种嗜盐细菌，广泛分布于盐湖、近岸海水、海底沉淀物和鱼类、虾类、贝类等海产品中，是引起我国沿海地区细菌性食物中毒的首要食源性致病菌。海洋环境中副溶血性弧菌的浓度通常为 10^2CFU 或更低。该菌引发的胃肠炎仅在摄入大量细菌（10^6CFU）时才会发生。因此，只有在食品处理方法不当导致细菌大量繁殖时，如生吃污染严重的滤食性海鲜食品，或进食未经恰当烹饪处理的污染食品时，才会引起胃肠炎。副溶血性弧菌为条件致病菌，感染的伤口中曾分离到该菌，尤其是在洗浴者和海产品加工工人的伤口中。虽然副溶血性弧菌与肉及肉制品关联不大，但在腌肉制品中曾分离到其他的嗜盐弧菌（肋生弧菌和其他未分型弧菌），并且确定为引发变质的微生物。由副溶血性弧菌引发的食物中毒已成为近年来世界范围内严重的食源性公共卫生问题之一。

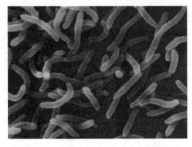

图 7-17　副溶血性弧菌形态特征

副溶血性弧菌是革兰氏阴性菌。菌体呈直或弯曲杆状（图 7-17），单极鞭毛具动力，有时在固体培养基中生长后可产生周生鞭毛；兼性厌氧，具有发酵性和氧化性代谢，氧化酶呈阳性，能将硝酸盐还原成亚硝酸盐；40℃能生长，培养基中氯化钠浓度在 1%以上才能生长，最适浓度为 3%～6%。

【材料准备】

（1）样品：待检样品。

（2）试剂：3% NaCl 碱性蛋白胨水、硫代硫酸盐-柠檬酸盐-胆盐-蔗糖（TCBS）琼脂、3% NaCl 胰蛋白胨大豆（TSA）琼脂、3% NaCl 三糖铁（TSI）琼脂、嗜盐性实验培养基、3% NaCl 甘露醇实验培养基、3% NaCl 赖氨酸脱羧酶实验培养基、3% NaCl MR-VP 培养基、氧化酶试剂、革兰氏染色液、ONPG 试剂、VP 实验、科玛嘉弧菌显色培养基、API20E 鉴定试剂盒或 VITEK NFC 生化鉴定卡。

（3）仪器及材料：恒温培养箱（36℃±1℃）、冰箱（2～5℃）、均质器或无菌乳钵、天平（感量 0.1g）、无菌吸管（1mL、10mL）或微量移液器及吸头、无菌锥形瓶（500mL、250mL）、无菌培养皿（直径 90mm）、无菌试管（18mm×180mm，15mm×100mm）、全自动微生物鉴定系统、无菌手术剪、镊子等。

【操作步骤】

图 7-18 所示为副溶血性弧菌检验程序，参照 GB 4789.7—2013。

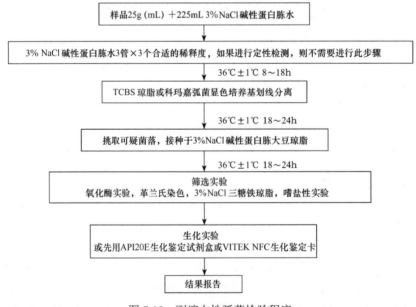

图 7-18　副溶血性弧菌检验程序

1. 样品制备

（1）冷冻样品应在 45℃以下不超过 15min 或在 2～5℃不超过 18h 解冻。若不能及时检验，应放于-15℃左右保存。非冷冻而易腐的样品尽可能及时检验，若不能及时检验，应置 2～5℃冰箱保存，在 24h 内检验。

（2）鱼类和头足类动物取表面组织、肠或鳃；贝类取全部内容物，包括贝肉和体液；甲壳类取整个动物，或者动物的中心部分，包括肠和鳃。如为带壳贝类或甲壳类，则应先在自来水下洗刷外壳并甩干表面水分，然后以无菌操作打开外壳，按上述要求取相应部分。

（3）以无菌操作取检样 25g（mL），加入 3% NaCl 碱性蛋白胨水 225mL，用旋转刀片式均质器以 8 000r/min 均质 1min，或拍击式均质 2min，制成 1∶10 均匀稀释液。如无均质器，则将样品放入无菌乳钵中磨碎，然后放入 500mL 的灭菌容器内，加 225mL 3% NaCl 碱性蛋白胨水，并充分振荡。

2. 增菌

1）定性检验

将上述 1∶10 稀释液于 36℃±1℃培养 8～18h。

2）定量检验

（1）用灭菌吸管吸取 1∶10 稀释液 1mL，注入含有 9mL 3% NaCl 碱性蛋白胨水的试管内，振摇试管混匀，制备 1∶100 稀释液。

（2）另取 1mL 灭菌吸管，按（1）中操作依次制备 10 倍递增稀释液，每递增稀释一次，换用一支 1mL 灭菌吸管。

（3）根据对检样污染情况的估计，选择 3 个适宜的连续稀释度，每个稀释度接种 3 支含有 9mL3% NaCl 碱性蛋白胨水的试管，每管接种 1mL。置 36℃±1℃恒温培养箱内培养 8～18h。

3. 分离

（1）在所有显示生长的试管或增菌液中用接种环蘸取一环，于 TCBS 琼脂平板或科玛嘉弧菌显色培养基平板上划线分离。一支试管划线一块平板，于 36℃±1℃培养 18～24h。

（2）典型的副溶血性弧菌在 TCBS 琼脂上呈圆形、半透明、表面光滑的绿色菌落，用接种环轻触，有类似口香糖的质感，直径 2～3mm（图 7-19）。从培养箱中取出 TCBS 琼脂平板后，应尽快（不超过 1h）挑取菌落或标记要挑取的菌落。典型的副溶血性弧菌在科玛嘉弧菌显色培养基上呈圆形、半透明、表面光滑的粉色菌落，直径为 2～3mm。

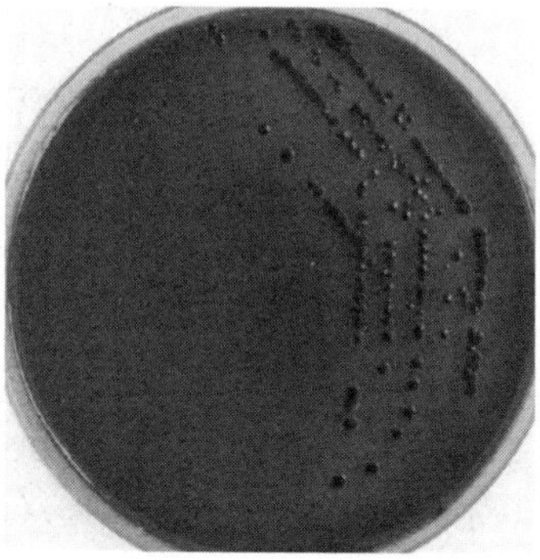

4. 纯培养

挑取 3 个或 3 个以上可疑菌落，划线 3% NaCl 碱性蛋白胨大豆琼脂平板，于 36℃±1℃

彩图

图 7-19　副溶血性弧菌在 TCBS
上的菌落特征

培养 18～24h。

5. 初步鉴定

（1）氧化酶实验。挑取纯培养的单个菌落进行氧化酶实验，副溶血性弧菌为氧化酶阳性。

（2）涂片镜检。将可疑菌涂片，进行革兰氏染色，镜检观察形态。副溶血性弧菌为革兰氏阴性，呈棒状、弧状、卵圆状等多种形态，无芽孢，有鞭毛。

（3）挑取纯培养的单个可疑菌落，转种 3% NaCl 胰蛋白胨大豆琼脂斜面并穿刺底层，36℃±1℃培养 24h，副溶血性弧菌在 3% NaCl 三糖铁琼脂中的反应为底层变黄不变黑，无气泡，斜面颜色不变或红色加深，有动力（图 7-20）。

（4）嗜盐性实验。挑取纯培养的单个可疑菌落，分别接种于不同 NaCl 浓度的胰蛋白胨水，36℃±1℃培养 24h，观察液体浑浊情况。副溶血性弧菌在无 NaCl 和10% NaCl 的胰蛋白胨水中不生长或微弱生长，在 7% NaCl 的胰蛋白胨水中生长旺盛（图 7-21）。

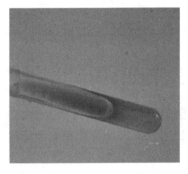

彩图

彩图

图 7-20　3% NaCl 三糖铁琼脂实验　　　　图 7-21　嗜盐性实验

6. 确定鉴定

（1）生化实验。取纯培养物分别接种含 3% NaCl 的甘露醇、赖氨酸、MR-VP 培养基，36℃±1℃培养 24～48h 后，观察结果。对隔夜培养物进行 ONPG 实验。

（2）API20E 生化鉴定试剂盒或 VITEK NFC 生化鉴定卡。刮取 3% NaCl 胰蛋白胨大豆琼脂平板上的单个菌落，用生理盐水制备成浊度适当的细胞悬浮液，使用 API20E 生化鉴定试剂盒或 VITEK NFC 生化鉴定卡鉴定。

7. 报告

当检出的可疑菌落生化性状符合表 7-16 的要求时，报告 25g（mL）样品中检出副溶血性弧菌。如果进行定量检验，根据证实为副溶血性弧菌阳性的试管数，查最可能数（MPN）检索表，报告 1g（mL）副溶血性弧菌的 MPN。

表 7-16 副溶血性弧菌的生化性状

实验项目	结果	实验项目	结果
革兰氏染色镜检	阴性,无芽孢	分解葡萄糖产气	－
氧化酶	＋	乳糖	－
动力	－	硫化氢	－
蔗糖	－	赖氨酸脱羧酶	＋
葡萄糖	＋	VP	－
甘露醇	＋	ONPG	－

注：＋表示阳性，－表示阴性。

【总结】

1. 结果记录

将副溶血性弧菌检验（定性）结果填入表 7-17。

表 7-17 副溶血性弧菌检验（定性）结果记录表

样品名称				检验编号			
检验日期			验讫日期			检验人	

平板分离	TCBS 平板										
	科玛嘉弧菌显色培养基平板										

生化实验	革兰氏染色	氧化酶	动力	蔗糖	葡萄糖	甘露醇	分解葡萄糖产气	乳糖	硫化氢	赖氨酸脱羧酶	VP	ONPG
	说明：使用符号＋、—、＋/—填写，其中＋表示阳性；—表示阴性											
结果报告												

2. 副溶血性弧菌定量检测（图 7-22）

将副溶血性弧菌定量检验结果填入表 7-18。

表 7-18 副溶血性弧菌定量检验结果记录表

样品编号	初发酵实验			验证实验			检验结果
	1mL（g）×3	0.1mL（g）×3	0.01mL（g）×3	1mL（g）×3	0.1mL（g）×3	0.01mL（g）×3	MPN/（g）mL

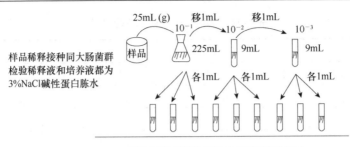

样品稀释接种同大肠菌群
检验稀释液和培养液都为
3%NaCl碱性蛋白胨水

平板分离及鉴定同副溶血性弧菌定性检验

阳性管

↓

查最可能数（MPN）检索表，报告1g（mL）
副溶血性弧菌的MPN值

图 7-22　副溶血性弧菌定量检测流程图

 思考与拓展

1. 思考

简述副溶血性弧菌在 TCBS、科玛嘉弧菌显色培养基上的菌落特征。

2. 拓展

对贝类海产品中副溶血性弧菌进行检验。

第六节　单核细胞增生李斯特菌检验技术

☞ **知识目标**　了解 GB 4789.30—2016 工作原理及单核细胞增生李斯特菌检验的生理生化特性。

☞ **能力目标**　能利用生物学特性进行单核细胞增生李斯特菌检验的鉴别，熟悉单核细胞增生李斯特菌检验操作过程。

☞ **职业素养**　熟练掌握检验操作技术，能进行食品安全性毒理学评价。

【理论知识】

　　单核细胞增生李斯特菌简称"单增李斯特菌"，是一种人畜共患病的病原菌。它能引起人畜的李斯特菌病，人畜感染后主要表现为脑膜炎、败血症和单细胞增多等。食品中存在单增李斯特菌对人类的安全有潜在的威胁。该菌在 4℃的环境中仍可生长繁殖，是冷藏食品威胁人类健康的主要病原菌之一，因此，在食品微生物检验工作中，必须加以重视。

1. 生物学特性

1）形态特征

单增李斯特菌大小为（1.0～2.0）μm×0.5μm，革兰氏染色阳性，是不形成芽孢的短杆菌，直或稍弯曲，两端钝圆，该菌有 4 根周毛和 1 根鞭毛，周毛容易脱落。常温条件下该菌需氧或兼性厌氧，有运动性，能溶血。

对患者脑脊髓液染色，该菌可呈现球状且成对排列，显微镜观察易被错看为革兰氏阴性球菌，特别是肺炎球菌。24～36h 培养的细菌菌落应为革兰氏阳性，过度培养或肉汤培养经常含有革兰氏染色阴性的菌落。在无色培养基上，菌落呈圆形、半透明、轻度突起、细小呈露滴状，直径为 0.2～0.3mm。在斜射光下，菌落呈典型的蓝绿色光泽，在血平板上该菌能产生 β-溶血因子。

2）培养和生长特性

单增李斯特菌通常在大多数细菌培养基上生长良好。胰蛋白胨琼脂是单增李斯特菌最佳培养和保存用培养基，该菌适宜在中性或偏碱性的介质中生长，pH 值范围为 5.2～9.6。pH 值小于 5.0 时依据所加酸的种类，仍可在肉汤培养基中生长。尽管单增李斯特菌为嗜氧菌，但它在含 5%～10% CO_2 的环境中比在空气环境中生长更好。在 pH 值小于 5.2 的情况下，细菌仍能存活数周或数月。碳水化合物是其生长的必需物质。葡萄糖是它的碳源和能量的来源。该菌抗盐能力强，在 0～4℃条件下，细菌在 25.5% NaCl 水溶液中可存活数月。

单增李斯特菌是嗜冷菌，在 0～50℃条件下均能生长。尽管 30～37℃是它的最佳生长温度，但在冰箱温度条件下仍能生长。低于 3℃时在磷酸蛋白胨肉汤、4℃牛乳中和 0℃肉中可存活 16～20d。

该菌对理化因素抵抗力较强，在土壤、粪便、青储饲料和干草内能长期存活，对碱和盐抵抗力强，60～70℃经 5～20min 可杀死；70%乙醇 5min，2.5%苯酚、2.5% NaOH、2.5%福尔马林 20min 可杀死此菌。该菌对青霉素、氨苄青霉素、四环素、磺胺均敏感。

2. 流行病学

单增李斯特菌广泛存在于自然界中，不易被冻融，能耐受较高的渗透压，在土壤、地表水、污水、废水、植物、青储饲料、烂菜中均存在。所以动物很容易食入该菌，并通过口腔—粪便的途径进行传播。据报道，健康人粪便中单增李斯特菌的携带率为 0.6%～16%，有 70%的人可短期带菌，4%～8%的水产品、5%～10%的乳及其产品、30% 以上的肉制品及 15%以上的家禽均被该菌污染。人主要通过食入软奶酪、未充分加热的鸡肉、未再次加热的热狗、鲜牛乳、巴氏消毒乳、冰淇淋、生牛排、羊排、卷心菜色拉、芹菜、番茄、法式馅饼、冻猪舌等而感染，其中 85%～90%的病例是由被污染的食品引起的。

3. 致病性

单增李斯特菌进入人体后是否发病，与菌的毒力和宿主的年龄、免疫状态有关，因为该菌是一种细胞内寄生菌，宿主对它的清除主要靠细胞免疫功能。因此，易感者为新生儿、孕妇及 40 岁以上的成人。此外，酗酒者、免疫系统损伤或缺陷者、接受免疫抑制剂和皮质激素治疗的患者及器官移植者也易被该菌感染。

【材料准备】

（1）样品：金黄色葡萄球菌、马红球菌。

（2）试剂：含 0.6%酵母浸膏的胰酪胨大豆肉汤、含 0.6%酵母浸膏的胰酪胨大豆（TSA-YE）琼脂平板、李氏增菌肉汤（LB）、1%盐酸吖啶黄、1%萘啶酮酸钠盐溶液、PALCAM 琼脂平板、革兰氏染液、SIM 动力培养基、缓冲葡萄糖蛋白胨水、5%～8%羊血琼脂、糖发酵管、过氧化氢酶实验培养基、单增李斯特菌显色培养基。

（3）仪器及材料：冰箱（2～5℃）、恒温培养箱（30℃±1℃、36℃±1℃）、均质器、显微镜（10×～100×）、电子天平（感量 0.1g）、锥形瓶（100mL、500mL）、无菌吸管（1mL、10mL）、无菌试管（16mm×160mm）、离心管（30mm×100mm）、无菌注射器（1mL）。

【操作步骤】

图 7-23 所示为单增李斯特菌定性检验程序，参照 GB 4789.30—2016。

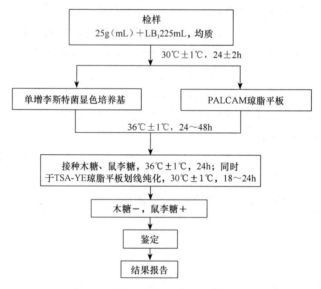

图 7-23　单增李斯特菌定性检验程序

1. 增菌

以无菌操作取样品 25g（mL）加入到含有 225mL LB$_1$ 增菌液的均质中，在拍击式均质器上连续均质 1～2min；或放入盛有 225mL LB$_1$ 增菌液的均质杯中，8 000～10 000r/min 均质 1～2min。于 30℃±1℃培养 24h，移取 0.1mL，接种于 10mL LB$_2$ 内，于 30℃±1℃培养 18～24h。

2. 分离

取 LB₂ 二次增菌划线接种于 PALCAM 琼脂平板和单增李斯特菌显色培养基上，于 36℃±1℃ 培养 24～48h，观察各个平板上生长的菌落。典型菌落的 PALCAM 琼脂平板上为小的灰绿色圆形菌落，周围有棕黑色水解圈，有些菌落有黑色凹陷；典型菌落在单增李斯特菌显色培养基上的特征按照产品说明进行判定。

3. 初筛

自选择性琼脂平板上分别挑取 5 个以上典型或可疑菌落，分别接种在木糖、鼠李糖发酵管，于 36℃±1℃ 培养 24h；同时在 YSA-YE 琼脂平板上划线纯化，于 30℃±1℃ 培养 24～48h。选择木糖阴性、鼠李糖阳性的纯培养物继续进行鉴定。

4. 鉴定

（1）染色镜检。单增李斯特菌为革兰氏阳性短杆菌，大小为（0.4～0.5）μm×（0.5～2.0）μm；用生理盐水制成菌悬液，在油镜或相差显微镜下观察，该菌出现轻微旋转或翻滚样的运动。

（2）动力实验。单增李斯特菌有动力，呈伞状生长或月牙状生长。

（3）生化鉴定。挑取纯培养的单个可疑菌落，进行过氧化氢酶实验，对过氧化氢酶阳性反应的菌落继续进行糖发酵实验和 MR-VP 实验。单增李斯特菌的生化特性与其他李斯特菌的区别见表 7-19。

表 7-19 单增李斯特菌的生化特性与其他李斯特菌的区别

菌种	溶血反应	葡萄糖	麦芽糖	MR-VP	甘露糖	鼠李糖	木糖	七叶苷
单增李斯特菌	+	+	+	+/+	−	+	−	+
格式李斯特菌	−	+	+	+/+	+	−	−	+
斯氏李斯特菌	+	+	+	+/+	−	−	+	+
威尔斯李斯特菌	−	+	+	+/+	−	V	+	+
伊氏李斯特菌	+	+	+	+/+	−	−	+	+
英诺克李斯特菌	−	+	+	+/+	−	V	−	+

注：＋表示阳性，－表示阴性，V 表示反应不定。

（4）溶血实验。将羊血琼脂平板底面划分为 20～25 个小格，挑取纯培养的单个可疑菌落刺种到羊血琼脂平板上，每格刺种一个菌落，并刺种阳性对照菌（单增李斯特菌和伊氏李斯特菌）和阴性对照菌（英诺克李斯特菌）。穿刺时尽量接近底部，但不要触到底面，同时避免琼脂破裂，36℃±1℃ 培养 24～48h，于明亮处观察，单增李斯特菌和斯氏李斯特菌在刺种点周围产生狭小的透明溶血环，英诺克李斯特菌无溶血环，伊氏李斯特菌产生大的透明溶血环。

（5）协同溶血实验。在羊血琼脂平板上平行划线接种金黄色葡萄球菌和马红球菌，挑取纯培养的单个可疑菌落垂直划线接种于平行线之间，垂直线两端不要触及平行线，于 30℃±1℃培养 24～48h。单增李斯特菌在靠近金黄色葡萄球菌的接种端溶血增强，斯氏李斯特菌的溶血也增强，而伊氏李斯特菌在靠近马红球菌的接种端溶血增强。

5. 结果与报告

综合以上生化实验和溶血实验结果，报告 25g（mL）样品中检出或未检出单增李斯特菌。

【总结】

1. 结果记录

将单增李斯特菌检验结果填入表 7-20。

表 7-20　单增李斯特菌检验结果

样品名称				检验编号			
检验日期		验讫日期			检验人		
平板分离	单增李斯特菌显色培养基						
	PALACAM 琼脂						
生化实验	木糖		鼠李糖		染色镜检		动力实验
生化实验	过氧化氢酶	糖发酵实验		MR-VP 实验		溶血实验	协同溶血实验
	说明：用＋、－、＋/-填写，其中＋表示阳性，－表示阴性，＋/-表示阳性或阴性						
结果报告							

2. 注意事项

（1）染色和形态观察。经过分离，革兰氏染色时发现菌体呈阴性，这时应考虑是否培养物超过 48h，因为该菌幼龄培养呈革兰氏阳性，48h 多转移为革兰氏阴性。

（2）培养温度的选择。通常前增菌的温度设置为 30℃而不是 37℃，主要是考虑到在高温条件下李斯特菌属许多菌种对于选择性培养成分十分敏感。因此实验室的恒温培养箱和水浴箱的温差应在 0.5～1℃。分析大量样品时增菌肉汤应预先温浴到 30℃。

（3）培养基的选择。由于单增李斯特菌的自身特性，在分离培养时需要使用一些特殊的选择性培养基。可疑菌落在显色培养基上呈典型形态，但生化反应与实际不符，应确定菌落是否进行了纯化。

 思考与拓展

（1）查资料，简述单增李斯特菌快速检验方法。

（2）掌握沙丁鱼中单增李斯特菌检验流程。

第七节　阪崎肠杆菌检验技术

☞ **知识目标**　了解 GB 4789.40—2016 工作原理及阪崎肠杆菌检验的生理生化特性。

☞ **能力目标**　能利用生物学特性进行阪崎肠杆菌检验的鉴别，熟悉阪崎肠杆菌检验操作过程。

☞ **职业素养**　在许可或认定的检验范围内检验，不超范围检验。

【理论知识】

1. 生物学特性

阪崎肠杆菌（又称阪崎氏肠杆菌）是肠杆菌科的一种，1980 年由黄色阴沟肠杆菌更名为阪崎肠杆菌。阪崎肠杆菌能引起严重的新生儿脑膜炎、小肠结肠炎和菌血症，由阪崎肠杆菌引发疾病而导致的死亡率高达 50%以上。目前，微生物学家尚不清楚阪崎肠杆菌的污染来源，但许多病例报告表明婴儿配方奶粉是目前发现的主要感染渠道。

阪崎肠杆菌属于革兰氏阴性粗短杆菌，细胞大小为（0.6～1.1）μm×（0.6～1.1）μm，有周身菌毛，无芽孢，有运动能力；兼性厌氧，具有耐热及耐寒性，在外界环境中比其他肠道杆菌生存率高，适宜培养温度 25～36℃，在 6～45℃下也能生长，甚至某些菌株可在 47℃下生长。该菌对营养的要求不高，能在普通营养琼脂培养基上生长。该菌在麦康凯（MAC）琼脂、伊红亚甲蓝（EMB）琼脂、脱氧胆酸琼脂等多种培养基上均能生长繁殖。

阪崎肠杆菌在不同培养基上培养时，能表现出不同的菌落特点。在 MAC 琼脂上为直径 2～3mm 的扁平淡黄色菌落；在胰蛋白胨（TSA）琼脂及脑心浸液琼脂（BHI）上生长为黄色菌落，菌落形态有 2 种：一种为典型的光滑型菌落，极易被接种环移动；另一种为干燥或黏液样，周边呈放射状，不易被接种环移动，似橡胶状，有弹性，经传代后可转化为光泽的菌落。在 EMB 平板上形成直径 3～4mm、隆起、淡粉色的黏液状菌落，而且随传代次数增多，黏液状更加明显，传第三代时变成黏液状的蔓延菌落。在结晶紫中性红胆盐葡萄糖琼脂（VRBC）上能产生直径 2～3mm 的紫红色菌落，凸起，边缘整齐。在 TSA 上加 5-溴-4-氯-吲哚-α-D-吡喃葡糖苷，仅阪崎肠杆菌能产生蓝绿色菌落，现已作为阪崎肠杆菌快速培养的选择性培养基。在 4-甲基伞形酮-α-D-葡萄糖醛酸苷（α-MUG）培养基上能产生荧光菌落。

产生黄色素是阪崎肠杆菌的重要特征之一，FDA 方法和 ISO-IDF 方法都将作为阪崎肠杆菌鉴定的依据之一。

2. 流行病学特性

阪崎肠杆菌比其他肠杆菌耐高温，60℃能存活 2.5min，并且在 72℃仍能存活。婴儿配方奶粉中阪崎肠杆菌的污染与该菌的高度耐热性有关。然而，阪崎肠杆菌并非具有特殊的耐热性，其耐热性不足以使该菌经标准的巴氏消毒后幸存，所以产品的污染很可能发生在干燥和灌装阶段。与大肠埃希菌、沙门氏菌和其他肠杆菌相比，阪崎肠杆菌对干燥和渗透压具有更高的耐受力，原因在于阪崎肠杆菌细胞内含有大量的海藻糖酶，累积有大量的海藻糖，使得阪崎肠杆菌比沙门氏菌更耐受干燥和渗透压。阪崎肠杆菌的这些特性使其在奶粉生产时不易被杀灭，从而生存下来。

对阪崎肠杆菌进行危险性评估发现，25℃放置 6h，该菌的相对危险性可增加 30 倍；25℃放置 10h，该菌的相对危险性可增加 30 000 倍。因此，即使婴儿配方奶粉中只有极微量的阪崎肠杆菌污染，在配方奶粉食用前的冲调期和储藏期该菌也可能大量繁殖。所以，对婴儿配方奶粉的加工制作过程、家庭/医院的灭菌过程以及婴儿配方奶粉的储存和食用等关键控制点进行严格管理，是减少该类产品潜在危险性的重点。

阪崎肠杆菌属条件致病菌，在一般情况下，对人体健康不产生危害，但对于免疫力低下者和婴幼儿、新生儿，尤其是早产儿、低体重儿可以致病。该菌可引起新生儿小肠结肠炎、新生儿脑膜炎、新生儿菌血症。人与人之间无传染性。

【材料准备】

（1）样品：待检样品。

（2）试剂：缓冲蛋白胨水（BPW）、改良月桂基硫酸盐胰蛋白胨肉汤-万古霉素（mLST-Vm）、阪崎肠杆菌显色培养基、胰蛋白胨大豆（TSA）琼脂、生化试剂盒、氧化酶试剂、L-赖氨酸脱羧酶培养基、L-鸟氨酸脱羧酶培养基、L-精氨酸双水解酶培养基、糖类发酵培养基、西蒙氏柠檬酸盐培养基。

（3）仪器及材料：冰箱（2～5℃）、恒温培养箱（30℃±1℃、36℃±1℃）、均质器、振荡器、电子天平（感量 0.1g）、无菌锥形瓶（100mL、200mL、2 000mL）、无菌吸管（1mL、10mL）或微量移液器及吸头、无菌吸管（1mL、10mL）、无菌培养皿、pH 计或 pH 比色管（或精密 pH 试纸）、全自动微生物生化鉴定系统。

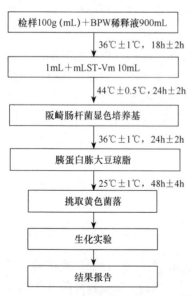

图 7-24　阪崎肠杆菌检验程序

【操作步骤】

图 7-24 所示为阪崎肠杆菌检验程序，参照 GB 4789.40—2016。

1. 前增菌和增菌

取检样 100g（mL）加入已预热至 44℃装有 900mL 缓冲蛋白胨水的锥形瓶中，用手缓慢地摇动至充分溶解，36℃±1℃，18h±2h。移取 1mL 接种于 10mL mLST-Vm，44℃±0.5℃培养 24h±2h。

2. 分离

（1）轻轻混匀 mLST-Vm 肉汤培养物，各取增菌培养物 1 环，分别划线接种于两种阪崎肠杆菌显色培养基平板，36℃±1℃培养 24h±2h。

（2）挑取至少 5 个可疑菌落，划线接种于 TSA 琼脂平板。25℃±1℃培养48h±4h。

3. 鉴定

自 TSA 琼脂平板上直接挑取黄色可疑菌落，进行生化鉴定。阪崎肠杆菌的主要生化特性见表 7-21。可选择生化鉴定试剂盒或全自动微生物生化鉴定系统进行处理。

表 7-21 阪崎肠杆菌的主要生化特征

生化实验		特征
黄色素产生		+
氧化酶		−
L-赖氨酸脱羧酶		−
L-鸟氨酸脱羧酶		（+）
L-精氨酸双水解酶		+
柠檬酸水解		（+）
发酵	D-山梨醇	（−）
	L-鼠李糖	+
	D-蔗糖	+
	D-蜜二糖	+
	苦杏仁苷	+

注：+表示99%以上为阳性，−表示99%以上为阴性，（+）表示90%～99%阳性，（−）表示90%～99%阴性。

4. 结果与报告

综合菌落形态和生化特性，报告 100g（mL）样品中检出或未检出阪崎肠杆菌。

【总结】

1. 结果记录

将阪崎肠杆菌定性检验结果填入表 7-22。

表 7-22 阪崎肠杆菌定性检验结果记录表

样品名称					检验编号				
检验日期				验讫日期			检验人		
平板分离	阪崎肠杆菌显色培养基平板								
生化实验	黄色素产生	氧化酶	L-赖氨酸脱羧酶	L-鸟氨酸脱羧酶	L-精氨酸双水解酶	柠檬酸水解	D-山梨醇	L-鼠李糖	D-蔗糖	D-蜜二糖	苦杏仁苷
	说明：用+、−、+/−填写，其中+表示阳性，−表示阴性										
结果报告											

2. 阪崎肠杆菌定量检测（图 7-25）

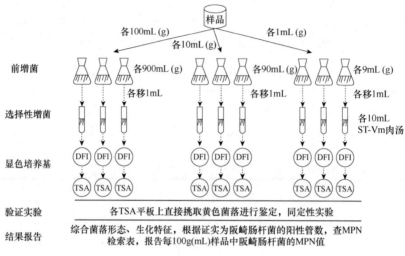

图 7-25　阪崎肠杆菌定量检测流程图

将阪崎肠杆菌定量检验结果填入表 7-23。

表 7-23　阪崎肠杆菌定量检验结果记录表

样品编号	显色培养基典型菌落			验证实验			检验结果
	900mL（g）×3	90mL(g)×3	9mL（g）×3	900mL（g）×3	90mL（g）×3	9mL（g）×3	MPN/100（g）mL

 思考与拓展

（1）简述阪崎肠杆菌快速检验方法。
（2）掌握婴幼儿配方奶粉中阪崎肠杆菌的检验流程。

第八章 发酵食品中微生物检验技术

第一节 食品中乳酸菌数的检验技术

☞ **知识目标** 了解 GB 4789.35—2023 工作原理及乳酸菌的形态特征。
☞ **能力目标** 掌握乳酸菌饮料中乳酸菌的检验方法。
☞ **职业素养** 严格遵守检验规范，客观、公正地出具检验报告。

【理论知识】

乳酸菌是一类能发酵利用糖类物质而产生大量乳酸的细菌，需氧和兼性厌氧，多数无动力，过氧化氢酶呈阴性，为革兰氏阳性的无芽孢杆菌和球菌。在含糖丰富的食品中，因其不断产生乳酸使得环境变酸而杀死其他不耐酸的细菌。大部分乳酸菌具有很强的耐盐性，能耐 5%以上浓度的 NaCl。常见的乳酸菌都不具有细胞色素氧化酶，所以一般不会使硝酸盐还原为亚硝酸盐；乳酸菌也不具有氨基酸脱羧酶，不产生胺类物质，也不产生吲哚和 H_2S。一般乳酸菌不分泌蛋白酶，只有肽酶，不能利用蛋白酶而仅能利用蛋白胨、肽和氨基酸；合成氨基酸、核酸、维生素的能力极低，因而在乳酸菌生长的环境中适量地加入这类物质，能促进其正常生长。

1. 乳酸菌的种类及特征

乳酸菌从形态上分类，主要有球状和杆状两大类。按照生化分类法，乳酸菌可分为乳杆菌属、链球菌属、明串珠菌属、双歧杆菌属和片球菌属 5 个属，每个属又有很多菌种，某些菌种还包括数个亚种。

乳杆菌属的乳酸菌形态多样，有长的、细长的、短杆状、棒形球杆状及弯曲状等（图 8-1）。乳酸菌是革兰氏阳性无芽孢菌，微需氧，在固体培养基上培养时，通常厌氧条件或充 5%～10% CO_2 时，可增加其表面生长物；发酵代谢，专性分解糖，产生大量乳酸和乳酸盐；生长温度为 2～53℃，最适生长温度为 30～40℃。在发酵工业中的应用主要有同型发酵乳杆菌（如德氏乳杆菌、保加利亚乳杆菌、瑞士乳杆菌、嗜酸乳杆菌和干酪乳杆菌）、异型发酵乳杆菌（如短乳杆菌和发酵乳杆菌）。

链球菌属乳酸菌，一般呈短链或长链状排列（图 8-2），为无芽孢的革兰氏阳性菌，兼性厌氧；发酵葡萄糖的主要产物是乳酸，但不产气；触酶呈阴性，通常溶血；生长温度为 25～45℃，最适温度为 37℃。生产中常用的主要菌种有乳酸链球菌、丁二酮乳酸链球菌、乳酪链球菌和嗜热乳链球菌等。

明串珠菌属乳酸菌，大多呈圆形或卵圆形的链状排列（图 8-3），常存在于水果和蔬菜中，能在高浓度的含糖食品中生长。该菌属的乳酸菌均是异型发酵菌，常见的有肠膜

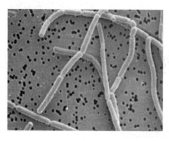

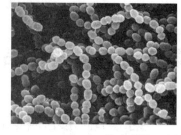

彩图

彩图

图 8-1　乳杆菌属形态特征　　　　　　　图 8-2　链球菌属形态特征

　　明串珠菌及其乳脂亚种和葡萄糖亚种、嗜橙明串珠菌、乳酸明串珠菌和酒明串珠菌，尤以肠膜明串珠菌的乳脂亚种最为常见，它可发酵柠檬酸而产生特征风味物质，又称风味菌、香气菌和产香菌。

　　双歧杆菌属的细胞呈多形态，有棍棒状或匙形的，呈各种分枝、分叉形的，短杆较规则等（图 8-4）；单个或链状、V 形、栅栏状排列，革兰氏染色阳性（24h 培养），无芽孢，不耐酸，不运动；厌氧，在有氧条件下不能在平板上生长，但不同的种对氧的敏感性不同；菌落一般光滑、凸圆，边缘完整，乳脂至白色，闪光并具有柔软的质地；生长温度为 25～45℃，最适温度为 37～41℃，初始最适生长 pH 值为 6.5～7.0，在 pH 值为 4.0～5.0 或 pH 值为 8.0～8.5 不生长；触酶阴性；分解糖，对葡萄糖的代谢为异型发酵。在发酵中，2mol 葡萄糖产生 2mol 乳酸和 3mol 乙酸。该菌属应用于发酵乳制品生产的仅有 5 种，即两歧双歧杆菌、长双歧杆菌、短双歧杆菌、婴儿双歧杆菌和青春双歧杆菌，它们都存在于人的肠道内。

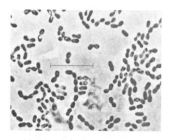
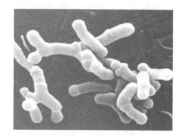

图 8-3　明串珠菌属形态特征　　　　　　图 8-4　双歧杆菌属形态特征

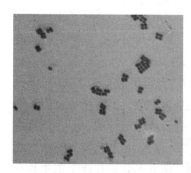

图 8-5　片球菌属形态特征

　　片球菌属细胞呈球形，成对或四联状排列（图 8-5）。革兰氏染色阳性，无芽孢，不运动，固体培养，菌落大小可变，直径 1.0～2.5mm；无细胞色素。片球菌属的生理生化特点：化能异养型，生长繁殖需要复合生长因子——烟酸、泛酸、生物素和氨基酸，不需要硫胺素、对-氨基苯甲酸和钴胺素，利用葡萄糖进行同型乳酸发酵产生 DL 型或 L 型乳酸；通常不酸化和凝固牛乳，不分解蛋白质，不还原硝酸盐，不水解马尿酸钠。不产吲哚。兼性厌氧，接触酶反应阴性。生长温度为 25～40℃，最适生长温度为 30℃。该属中，嗜盐片球菌和嗜盐四联球菌是参与酱油酿造的重要乳酸菌,耐 NaCl 浓度 18%～20%;嗜盐片球菌、啤酒片球菌、乳酸片球菌是酸泡菜发酵中重要的乳酸菌,可在含 6%～8% 的 NaCl 环境中生长,耐 NaCl 浓度 13%～20%。

2. 乳酸菌的生理功能

1)营养作用

食品原料经乳酸菌发酵后,能使蛋白质、脂肪和糖类分解为人体更易吸收的预消化状态,同时还能增加可溶性钙、磷、铁和某些 B 族维生素的含量,提高它的消化吸收性能和营养价值。

2)抗菌和整肠作用

乳酸菌进入人体后,就会在肠道内繁殖,产生乳酸、乙酸和一些抗菌物质,使肠道的 pH 值和氧化还原电位降低,从而抑制致病菌和有害于人体健康的菌的生长繁殖,可起到抗菌防病的作用。同时,乳酸菌的大量生长繁殖也维持了肠道菌群的平衡,起到了整肠的作用。

3)防癌和抗癌作用

乳酸菌在肠道内的繁殖可改善肠道菌群的组成,促进肠道的蠕动,从而减少了致癌物在肠道内的停留时间;乳杆菌和双歧杆菌还能发酵分解致癌物 N-亚硝基胺,起到了抗癌的作用;乳酸菌及其代谢产物能诱导干扰素和促细胞分裂剂的产生,活化自然杀伤细胞(NK)并产生免疫球蛋白抗体,从而活化巨噬细胞的功能,增强人体的免疫力,提高对癌症的抵抗力。

4)对其他疾病的疗效

乳酸菌可促进胃肠道的蠕动,消除胃肠中的气体,增加肠胃的舒畅感,因此,对胃病有一定的疗效。乳酸菌还可降低血清胆固醇的水平,对预防由动脉硬化引起的心脑血管疾病有一定的作用。除此之外,乳酸菌对慢性便秘、糖尿病、肝病等都有一定的预防和治疗作用。

5)抗衰老作用

现代医学认为,人体衰老是因为体内自由基积累而引起的。如果能够降低机体内的自由基水平,就可以延缓衰老过程。乳酸菌能够清除体内产生的自由基,从而具有延缓细胞衰老的作用。

【材料准备】

(1)样品:待检样品。

(2)试剂:MRS 培养基、莫匹罗星锂盐和半胱氨酸盐盐酸改良 MRS 琼脂培养基、MC 琼脂培养基。

(3)仪器及材料:厌氧培养装置、恒温培养箱(36℃±1℃)、均质器及无菌均质袋、均质杯或灭菌乳钵、电子天平(感量 0.1g)、无菌试管(18mm×180mm、15mm×100mm)、无菌吸管(1mL、10mL)、无菌锥形瓶(500mL、250mL)、灭菌平皿(ϕ90mm)。

【操作步骤】

图 8-6 所示为乳酸菌检验程序,参照 GB 4789.35—2023。

1. 样品制备

（1）样品的全部制备过程均应遵循无菌操作程序。

（2）稀释液在实验前应在 36℃＋1℃条件下充分预热 15～30min。

（3）冷冻样品可先使其在 2～5℃条件下解冻，时间不超过 18h，也可在温度不超过 45℃的条件下解冻，时间不超过 15min。

（4）固体和半固体食品。以无菌操作称取 25g 样品，置于装有 225mL 生理盐水的无菌均质杯内，于 8 000～10 000r/min 均质 1～2min，制成 1∶10 样品匀液；或置于 225mL 生理盐水的无菌均质袋中，用拍击式均质器拍打 1～2min 制成 1∶10 的样品匀液。

（5）液体样品。应先将其充分摇匀后以无菌吸管吸取样品 25mL 放入装有 225mL 生理盐水的无菌锥形瓶（瓶内预置适当数量的无菌玻璃珠）中，充分振摇，制成 1∶10 的样品匀液。

（6）经特殊技术（如包埋技术）处理的含乳酸菌食品样品应在相关技术/工艺要求下进行有效前处理。

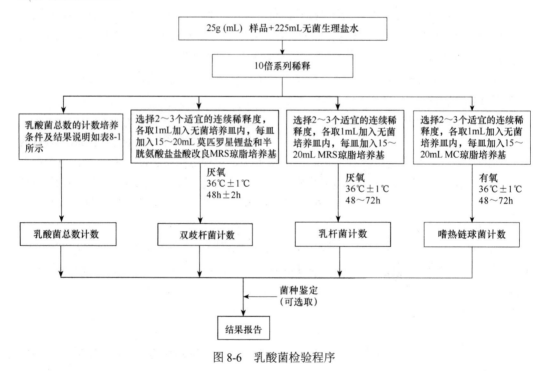

图 8-6　乳酸菌检验程序

2. 样品稀释

（1）用 1mL 无菌吸管或微量移液器吸取 1∶10 样品匀液 1mL，沿管壁缓慢注于装有 9mL 生理盐水的无菌试管中（注意吸管尖端不要触及稀释液），振摇试管或换用 1 支无菌吸管反复吹打使其混合均匀，制成 1∶100 的样品匀液。

（2）另取 1mL 无菌吸管或微量移液器吸头，按上述操作顺序做 10 倍递增样品匀液，每递增稀释 1 次，即换用 1 次 1mL 无菌吸管或吸头。

（3）经特殊技术（如包埋技术）处理的含乳酸菌食品样品应按照相应技术/工艺要求进行稀释。

3. 乳酸菌计数

1）乳酸菌总数
乳酸菌总数计数培养条件的选择及结果说明见表 8-1。

表 8-1　乳酸菌总数计数培养条件的选择及结果说明

样品中所包括乳酸菌菌属	培养条件的选择及结果说明
仅包括双歧杆菌属	按 GB 4789.34 的规定执行
仅包括乳杆菌属	按照（4）操作。结果即为乳杆菌属总数
仅包括嗜热链球菌	按照（3）操作。结果即为嗜热链球菌总数
同时包括双歧杆菌属和乳杆菌属	① 按照（4）操作。结果即为乳酸菌总数； ② 如需单独计数双歧杆菌属数目，按照（2）操作
同时包括双歧杆菌属和嗜热链球菌	① 按照（2）和（3）操作。两者结果之和即为乳酸菌总数； ② 如需单独计数双歧杆菌属数目，按照（2）操作
同时包括乳杆菌属和嗜热链球菌	① 按照（3）和（4）操作。两者结果之和即为乳酸菌总数； ②（3）结果为嗜热链球菌总数； ③（4）结果为乳杆菌属总数
同时包括双歧杆菌属、乳杆菌属和嗜热链球菌	① 按照（3）和（4）操作。两者结果之和即为乳酸菌总数； ② 如需单独计数双歧杆菌属数目，按照（2）操作

2）双歧杆菌计数
根据对待检样品双歧杆菌含量的估计，选择 2～3 个连续适宜的连续稀释度，每个稀释度吸取 1mL 样品匀液于灭菌平皿内，每个稀释度做 2 个平皿。稀释液移入平皿后，将冷却至 48℃的莫匹罗星锂盐和半胱氨酸盐酸盐改良 MRS 琼脂培养基倾入平皿约 15mL，转动平皿使混合均匀。36℃±1℃厌氧培养 72h±2h，培养后计数平板上的所有菌落数。从样品稀释到平板倾注要求在 15min 内完成。

3）嗜热链球菌计数
根据待检样品嗜热链球菌活菌数的估计，选择 2～3 个适宜的连续稀释度，每个稀释度吸取 1mL 样品匀液于灭菌平皿内，每个稀释度做 2 个平皿。稀释液移入平皿后，将冷却至 48℃的 MC 培养基倾入平皿约 15mL，转动平皿使混合均匀。36℃±1℃需氧培养 72h±2h，培养后计数。嗜热链球菌在 MC 琼脂平板上的菌落特征：菌落中等偏小，呈红色，边缘整齐光滑，直径 2mm±1mm，菌落背面为粉红色（图 8-7）。从样品稀释到平板倾注要求在 15min 完成。

彩图

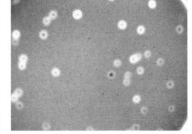
图 8-7　嗜热链球菌菌落特征

4）乳杆菌计数

根据对待检样品活菌总数的估计，选择 2～3 个连续适宜的连续稀释度，每个稀释度吸取 1mL 样品匀液于灭菌平皿内，每个稀释度做两个平皿。稀释液移入平皿后，将冷却至48℃的莫匹罗星锂盐和半胱氨酸盐酸盐改良 MRS 琼脂培养基倾入平皿约 15mL，转动平皿使混合均匀。36℃±1℃厌氧培养 72h±2h，培养后计数平板上的所有菌落数。从样品稀释到平板倾注要求在 15min 内完成。

4. 菌落计数

可用肉眼观察，必要时用放大镜或菌落计数器，记录稀释倍数和相应的菌落数量。菌落计数以菌落形成单位（CFU）表示。

（1）选取菌落数在 30～300CFU、无蔓延菌落生长的平板计数菌落总数。小于 30CFU 的平板记录具体菌落数，大于 300CFU 的可记录为多不可计。每个稀释度的菌落数应采用两个平板计数的平均值。

（2）其中一个平板有较大片状菌落生长时，则不宜采用，而应以无片状菌落生长的平板作为该稀释度的菌落数；若片状菌落不到平板的一半，而其余一半中菌落分布又很均匀，即可计算半个平板菌落数乘以 2，来代表一个平板菌落数。

（3）当平板上出现菌落间无明显界线的链状生长时，将每条单链作为一个菌落计数。

5. 结果的表述

（1）若只有一个稀释度平板上的菌落数在适宜计数范围内，计算两个平板菌落数的平均值，再将平均值乘以相应稀释倍数，作为 1g（mL）中菌落总数结果。

（2）若有两个连续稀释度的平板菌落数在适宜计数范围内，则按式（8-1）计算：

$$N=\frac{\sum C}{[n_1+（0.1\times n_2）]\times d} \qquad (8-1)$$

式中，N——样品中菌落数；

$\sum C$——平板（含适宜范围菌落数的平板）菌落数之和；

n_1——第一稀释度（低稀释倍数）平板个数；

n_2——第二稀释度（高稀释倍数）平板个数；

d——稀释因子（第一稀释度）。

（3）若所有稀释度的平板上菌落数均大于 300CFU，则对稀释度最高的平板进行计数，其他平板可记录为多不可计，结果按平均菌落数乘以最高稀释倍数计算。

（4）若所有稀释度的平均菌落数均小于 30CFU，则应按稀释度最低的平均菌落数乘以稀释倍数计算。

（5）若所有稀释度（包括液体样品原液）平板均无菌落生长，则以小于 1 乘以最低稀释倍数计算。

（6）若所有稀释度的平均菌落数均不在 30～300CFU，其中一部分小于 30CFU 或大于 300CFU，则以最接近 30CFU 或 300CFU 的平均菌落数乘以稀释倍数计算。

6. 菌落数的报告

（1）菌落数小于 100CFU 时，按"四舍五入"原则修约，以整数报告。

（2）菌落数不小于 100CFU 时，第 3 位数字采用"四舍五入"原则修约后，取前两位数字，后面用 0 代替位数；也可用 10 的指数形式来表示，按"四舍五入"原则修约后，采用两位有效数字。

（3）称重取样以 CFU/g 为单位报告，体积取样以 CFU/mL 为单位报告。

【总结】

将食品中乳酸菌数检验结果记录于表 8-2。

表 8-2　食品中乳酸菌数检验结果

样品编号		执行标准			分析日期	
室温		相对湿度			培养时间	
乳酸菌		标准要求/CFU	稀释度对应平板菌落数		结果/CFU	结论
双歧杆菌数						
嗜热链球菌数						
乳杆菌数						
乳酸菌总数						

 思考与拓展

1. 思考

（1）乳酸菌菌落总数的定义是什么？在乳酸菌饮料中检验乳酸菌有什么意义？

（2）简述不同乳酸菌计数培养基的选择及培养条件的选择。

（3）简述乳酸菌在不同培养基上的菌落特征。

2. 拓展

对泡菜中的乳酸菌数进行测定。

第二节　酱油种曲孢子数及发芽率的测定

☞ **知识目标**　理解测定种曲孢子数及发芽率的意义。
☞ **能力目标**　熟练掌握酱油种曲孢子数及发芽率的测定方法。
☞ **职业素养**　能评价酱油种曲孢子数及发芽率的测定结果。

一、酱油种曲孢子数的测定

【理论知识】

利用发酵法酿制酱油，需要制曲。种曲是成曲的曲种，是保证成曲的关键，是酿制优质酱油的基础。种曲质量要求之一是含有足够的孢子数量，必须达到 6×10^9 个/g（干基计）以上，孢子旺盛，活力强，发芽率达 85%以上，所以孢子数及其发芽率的测定是种曲质量控制的重要手段。测定孢子数的方法有多种，这里采用显微镜直接计数法，即将一定浓度的孢子悬浮液放在血细胞计数板的计数室中，在显微镜下进行计数。由于计数室的容积一定，因此可以根据在显微镜下观察到的孢子数目来计算单位体积的孢子总数。

【材料准备】

（1）样品：种曲。

（2）试剂：95%乙醇、10%稀 H_2SO_4、酱油种曲。

（3）仪器及材料：盖玻片、漩涡均匀器、血细胞计数板、电子天平、显微镜。

【操作步骤】

图 8-8 所示为酱油种曲孢子数的检验程序。

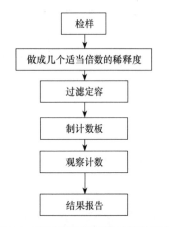

图 8-8　酱油种曲孢子数的检验程序

1. 样品稀释

称取种曲 1g（精确至 0.002g），倒入盛有玻璃珠的 250mL 锥形瓶内，加入 95%乙醇 5mL、无菌水 20mL、10%稀硫酸 10mL，在漩涡均匀器上充分振摇，使种曲孢子分散，然后用 3 层纱布过滤，用无菌水反复冲洗，务必使滤渣不含孢子，最后稀释至 500mL。

2. 准备计数板，制计数装片

取洁净干燥的血细胞计数板，盖上盖玻片，用无菌滴管取一小滴孢子稀释液，滴于盖玻片的边缘（不宜过多），使滴液自行渗入计数室，不要产生气泡。用吸水纸吸干多余的稀释液，静置 5min，待孢子沉降。

3．观察计数

（1）观察。用低倍镜或高倍镜观察。由于稀释液中孢子在血细胞计数板的计数室中处于不同的空间位置，要在不同的焦距下才能看到，因此观察时必须逐格转动微调螺旋，才不致遗漏。

（2）计数。使用 16×25 型计数板时，只计计数室 4 个角上的 4 个中方格（100 个小方格），如果使用 25×16 型计数板，除计 4 个角上的 4 个中方格外，还需要计中央一个中方格的数目（80 个小方格）。每个样品重复观察计数 2~3 次，然后取其平均值。

4．计算

1）16×25 型计数板

16×25 型计数板的种曲孢子数计算如下：

$$X = (N_1/100) \times 400 \times 10^4 \times (V/m)$$

2）25×16 型的计数板

25×16 型计数板的种曲孢子数计算如下：

$$X = (N_2/80) \times 400 \times 10^4 \times (V/m)$$

式中，X——种曲孢子数，个/g；

N_1——100 个小方格内孢子总数，个；

N_2——80 个小方格内孢子总数，个；

V——孢子稀释液体积，mL；

m——样品质量，g。

5．结果报告

公式中的计数结果为报告中每克样品的孢子数。

【总结】

1．结果记录

将酱油种曲孢子数实验结果填入表 8-3。

表 8-3　酱油种曲孢子数实验结果

序号	中方格菌数					中方格平均孢子数	种曲孢子数/（个/g）
	X_1	X_2	X_3	X_4	X_5		
1							
2							
3							
平均值							

2. 注意事项

（1）在采样混合和称样时要尽量防止孢子飞扬。

（2）测定时，如果发现有许多孢子集结成团或成堆，说明样品稀释不符合操作要求，必须重新称重、振摇、稀释。

（3）样品稀释至每个小方格所含孢子数在 10 个以内较适宜，过多不易计数，应进行稀释调整。

（4）生产实践中应用时，种曲通常以干物质计算。

 思考与拓展

1. 思考

简述酱油种曲孢子数的测定原理和操作过程。

2. 拓展

选取优质酱油进行种曲孢子数的测定。

二、孢子发芽率的测定

【材料准备】

（1）样品：种曲。

（2）试剂：察氏培养基、生理盐水、凡士林、种曲孢子粉。

（3）仪器及材料：盖玻片、滴管、玻璃棒、显微镜、酒精灯、恒温培养箱、凹玻片。

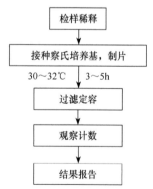

图 8-9 酱油种曲孢子发芽率检验程序

【操作步骤】

图 8-9 所示为酱油种曲孢子发芽率检验程序。

1. 制备孢子悬浮液

取种曲少许放入盛有 25mL 生理盐水和玻璃珠的锥形瓶中，充分振摇 15min，使孢子分散，制备孢子悬浮液。

2. 制作标本

在凹玻片凹窝内滴入一滴无菌水，用无菌滴管吸取孢子悬浮液数滴加入冷却至 45℃的察氏培养基上，用玻璃棒以薄层涂布在盖玻片上，然后反盖于凹玻片的凹窝上，四周涂凡士林封固，于 30～32℃下恒温培养 3～5h。

3. 镜检

在显微镜下观察发芽情况，标本片至少同时做两个，连续观察两次以上，取平均值。

4. 计算发芽率并报告

发芽率计算公式如下：

$$X=\frac{A}{A+B}\times100\%$$

式中，X——发芽率；

　　A——发芽孢子数，个；

　　B——未发芽孢子数，个。

根据计算结果取平均数，报告孢子的发芽率。

【总结】

1. 结果记录

将酱油种曲孢子发芽率实验结果填入表8-4。

表8-4　酱油种曲孢子发芽率实验结果

平行实验	发芽孢子数/个	未发芽孢子数/个	发芽率/%
1			
2			
平均值			

2. 注意事项

（1）孢子悬浮液制备后要立刻制作标本片，培养时间不宜过长。

（2）培养基中接入悬浮液的量，要根据视野内孢子数多少来决定，一般以每视野内10～20个孢子为宜。

（3）要正确区分孢子的发芽和不发芽状态。

（4）孢子的发芽快慢与温度有密切关系，所以培养温度要严格控制。

 思考与拓展

1. 思考

简述测定酱油种曲孢子发芽率的操作步骤。

2. 拓展

选取优质酱油种曲孢子，进行发芽率的测定。

第九章　食品流通领域商业无菌检验技术

☞ **知识目标**　了解 GB 4789.26—2023 工作原理及罐头食品腐败变质的微生物原因。

☞ **能力目标**　熟悉食品流通领域商业无菌的检验过程。

☞ **职业素养**　具有食品质量安全意识和团队合作意识。

【理论知识】

一、基本定义

1. 商业无菌

商业无菌是指食品经过适度的热杀菌，不含有致病性微生物，也不含有在通常温度下能在其中繁殖的非致病性微生物的状态。

2. 低酸性食品

低酸性食品是指凡杀菌后平衡 pH 大于 4.6，水分活度大于 0.85 的食品。

3. 酸性食品

酸性食品是指未经酸化，杀菌后食品本身或汤汁平衡 pH 等于或小于 4.6、水分活度大于 0.85 的食品。pH 小于 4.7 的番茄制品为酸性食品。

4. 酸化食品

酸化食品是指经添加酸度调节剂或通过其他酸化方法将食品酸化后，使水分活度大于 0.85、其平衡 pH 等于或小于 4.6 的食品。

二、罐头食品腐败变质的微生物原因

罐头食品是指装在密封容器内经加热灭菌而制成的可直接食用的食品。罐头食品虽然经过杀菌处理，但在罐头食品中仍然可能有微生物存在，这是由于杀菌不足，或在杀菌后由于罐头密封不良而遭受来自外界的污染。

1. 低酸性罐头食品（大于 pH 值 4.6）变质的因素和原因菌

低酸性罐头食品在加工过程中，为了保持产品正常的感官性状，不使质量降低，在进行加热杀菌时，不可能使罐头食品完全灭菌，而只是使其达到商业灭菌程度。

商业灭菌是指罐头食品中所有的肉毒梭菌芽孢和其他致病菌及在正常的储存和销售条件下能引起内容物变质的嗜热菌均已被杀灭。在商业灭菌的罐头中，偶尔会有少数耐热性芽孢残留，可是如果不是在43℃以上的温度中储存，它们是不会引起内容物变质的。

低酸性罐头食品之所以发生变质，通常与以下细菌和因素有关。

1）嗜热性需氧芽孢菌引起的变质

在43℃以上储存的低酸性罐头食品中，可因罐头内残留着对热有很强抵抗力的嗜热性需氧芽孢菌得到生长，而导致罐头内容物变质。虽然这些嗜热性芽孢菌是非致病性的，但能在43℃以上的温度中生长而使罐头内容物变酸，致使其失去食用价值。这种变质，通常称为平盖酸败。这是因为这类细菌在罐头内活动时，罐听不发生膨胀，而内容物的pH值显著偏低。引起这种变质的原因菌统称为"平酸"菌。这些细菌发酵碳水化合物的特点是能产生使食品变酸的低碳脂肪酸，但是不能产生气体，即使产生气体，也不足以改变罐头两平面的形状。

平酸菌由于其嗜热的程度不同，可区分为专性嗜热菌和兼性嗜热菌两类。嗜热脂肪芽孢杆菌便属于前一类，该菌仅于嗜热性温度（45～55℃）下芽孢才发芽，而发芽后的繁殖体也能在嗜温性温度下生长。由于其芽孢有很强的抗热性，因此它们在商业灭菌的低酸性罐头食品中存在，可以认为是正常的。在仓库保存或销售期间，如果将其存放在嗜热性生长范围内（43℃以上），平盖酸败就能发生。罐头食品在加工过程中经热处理之后，如果不接着进行充分的冷却，同样会造成平盖酸败。此外，存放罐头食品如与热源靠得太近，使部分罐头食品受热，也会造成食品酸败。

另一种平酸菌是凝结芽孢杆菌，该菌为兼性嗜热菌，可以在37℃和55℃ 2种温度下生长。这种细菌与炼乳和某些肉类、鱼类罐头的酸败有关，也是其他罐头食品发生酸败的一个不可忽视的原因菌。我国南方一些省、市生产的青刀豆、青豆等低酸性蔬菜罐头之所以发生酸败，多与凝结芽孢杆菌和上述嗜热脂肪芽孢杆菌有关。其他如红烧猪肉、猪肝酱等罐头也曾发现有这类平酸菌所引起的酸败。

2）嗜热性厌氧芽孢菌引起的变质

在43℃以上储存的低酸性罐头食品中，也可因残留的嗜热性厌氧芽孢菌的生长而引起罐头食品变质。这种变质由于原因菌的不同可分为以下两种类型。

产气型变质：通常是指罐听发生膨胀的变质。这种变质由专性嗜热的产芽孢厌氧菌——嗜热解糖梭菌所引起。该菌是专性厌氧菌，最适生长温度为55℃。其分解糖的能力很强，能分解葡萄糖、乳糖、蔗糖、水杨苷及淀粉而产生酸和大量的气体，不分解蛋白质，不能使硝酸盐还原，不产生毒素，也不引起感染，因此并无公共卫生意义。但是它们具有酸败性，如芽孢先在较高温度（50～55℃）下发芽，则在37℃14d就可产生酸败，使内容物常带有酪酸臭味或干酪样臭味。

硫化臭变质：这种变质的特征是罐听平坦，内容物发暗，有鸡蛋臭味，通常由专性嗜热的产芽孢厌氧菌——致黑脱硫肠状菌所引起。这种细菌分解糖的能力很弱，但能分解蛋白质的水解产物并放出H_2S，H_2S与罐头容器的铁质化合，使食品变成黑色，并有臭味。罐头内所产生的H_2S被罐内食品所吸收，因而罐听不会发生膨胀。

3）嗜温性需氧芽孢菌引起的变质

嗜温性需氧乃至兼性厌氧芽孢菌在罐头食品中有残留时，在一定条件（如真空度不足和长期储存于嗜温性温度）下，有可能生长而使罐头食品变质。

嗜温性芽孢菌具有分解糖的能力，糖分解后绝大多数产酸而不产气。它们常可出现在低酸性（大于 pH 值 5.3）的肉品、水产、豆类等制品的罐头中，可引起平盖酸败类型的变质。其原因菌有枯草芽孢杆菌、短小芽孢杆菌、环状芽孢杆菌和某些地衣芽孢杆菌的菌株。多黏芽孢杆菌和浸麻芽孢杆菌在分解糖产酸时，会产生气体，可使罐听发生膨胀。

4）嗜温性厌氧芽孢菌引起的变质

在罐头食品的加工过程中，由于杀菌不完全，未能使嗜温性厌氧芽孢菌灭活，如果有厌氧性肉毒梭菌残存，这将是一种潜在性危险。

嗜温性厌氧芽孢菌可使蛋白质发生分解，产生含硫的产物（如硫化甲基、硫化乙基，硫化氢与硫醇）、氨及胺类化合物（如腐胺和尸胺），同时也产生吲哚、甲基吲哚（类臭质）和 CO_2 及 H_2。因此，嗜温性厌氧芽孢菌是典型的腐败型厌氧菌。

腐败型厌氧菌广泛分布于土壤中，因而可污染蔬菜；有些菌种则常存在于动物的肠道和排泄物中，因此也可以污染牛乳、鱼贝类和肉类。

从这种腐败变质的罐头食品中检出的厌氧菌，已知有生孢梭菌、双酶梭菌、腐化梭菌、产气荚膜梭菌、溶组织梭菌和 A、B 型肉毒梭菌等。

腐败型厌氧菌在 pH 值为 4.6～5.0 的低酸性产品中，有时可出现不正常的发育，结果导致无气体的腐败。但是一般说来，嗜温性厌氧菌引起的腐败，会引起罐听膨胀，内容物有腐败臭味。对于这类罐头，如同时发现有带芽孢的杆菌，则不论罐头所显示的腐败程度如何，必须用内容物接种小白鼠进行肉毒毒素检验。

5）无芽孢细菌引起的变质

在经过加热杀菌处理的低酸性罐头食品中，无芽孢细菌是不会残存的。除非是罐头密封不良，于杀菌后的冷却或储藏过程中被污染，才有可能出现在罐头食品中。但在不太高的温度下杀菌时，也有可能导致这类细菌的残存。它们主要是嗜热链球菌、粪链球菌和粪链球菌液化变种等。这些链球菌在非芽孢细菌中是属于耐热力大的细菌，它们经过 60℃、30min 的加热，尚能生存。肠杆菌不耐热，在上述杀菌处理的罐头食品中不会残存，只能是由于罐头密封不良而侵入。因此，活的无芽孢杆菌（包括肠杆菌）和球菌的混合菌则通常被认为是罐头渗漏的指标。这类细菌从外界侵入罐头中活动的结果常常是引起内容物的酸败。

2. 酸性罐头食品（小于等于 pH 值 4.6）变质的因素和原因菌

酸性罐头食品的微生物学腐败是由能在小于等于 pH 值 4.6 的酸性条件下生长的微生物所引起的。肉毒梭菌在此类产品内是不能生长的。在低酸性条件下能生长的细菌主要是产酸菌群。

产酸菌群中的细菌，除少数为厌氧性芽孢菌外，大多数是一些兼性厌氧的革兰氏阳性、无芽孢的球菌或杆菌；均为过氧化氢酶阴性，一般无动力；为专性发酵菌，主要产生乳酸,有时也产生挥发性酸和 CO_2。这些兼性厌氧菌可包括链球菌、明串珠菌、片球菌和乳酸杆菌等菌属的细菌。

酸性罐头食品之所以变质,可能与以下因素有关。

(1)在罐头食品的加工过程中,为了保护产品原形结构(特别是水果制品)而采取轻度加热或加热时间不足,使耐酸性芽孢或孢子得以残存。通常有以下几类细菌:

① 丁酸厌氧菌,主要是嗜温性厌氧的巴斯德梭菌和丁酸梭菌。它们能产生丁酸及二氧化碳和氢气,可使产品带有酸臭气味。

② 抗热性霉菌,常见的是黄色丝衣霉菌,该菌的耐热性比其他霉菌强,经85℃30min加温尚能生存,且能在氧气不足的环境中生长,对果胶质有很强的破坏力,如在水果罐头中残留并得到繁殖,可使水果柔化和解体。它能分解糖产生 CO_2 而造成水果罐头膨胀。其次是白色丝衣霉菌,也有耐热性,在76.6℃温度中能生存30min,也可使罐头腐败。这类抗热性霉菌引起罐头食品的变质,可通过霉臭味、食品褪色或组织结构改变,内容物中有霉菌菌丝,得到证实;有时也可通过罐盖的轻度膨胀得到证实。

③ 不产芽孢的杆菌及酵母菌,通常是在加工过程中因加热不充分而残留,也可能因罐头密封不良而侵入。这类细菌有嗜温性产酸菌中的明串珠菌,它可引起水果及水果制品的酸败,又如乳酸杆菌的异型发酵菌种可造成番茄制品和水果罐头的产气性败坏。在果汁饮料、含糖酸性饮料、酸奶饮料中,可因球拟酵母属或假丝酵母属酵母的活动而使其中的糖发酵,引起内容物风味的改变,产生汁液浑浊和沉淀,并可因酵母产生的 CO_2 气体而造成罐听膨胀和爆裂。

(2)嗜热性变质。酸性罐头食品在43℃以上保存较久,其中残存的嗜热菌即可获得生长。此时罐听可发生膨胀,但也可能不改变罐头两平面的形状,仍然平坦。后者主要是耐酸性平酸菌引起的,主要见于番茄制品中的凝结芽孢杆菌,该菌为兼性厌氧菌,在35℃和55℃ 两种温度下都能生长。

(3)罐头密封不良,使一些耐酸菌、酵母菌和霉菌从外界侵入,并可因获得氧气而生长,以致内容物的 pH 值下降,有时可出现感官变化。如感官变化不明显,则可从内容物中查得菌丝,甚至在罐头表面见到生长的菌丝,从而得到证实。

【材料准备】

(1)样品:待检样品(食品流通领域)。

(2)试剂:无菌生理盐水、结晶紫染色液、二甲苯、含 4%碘的乙醇溶液、75%乙醇溶液、70%乙醇溶液。

(3)仪器及材料:冰箱(2～5℃)、恒温培养箱(30℃±1℃、36℃±1℃、55℃±1℃)、恒温培养室(30℃±2℃、36℃±2℃、55℃±2℃)恒温水浴箱(55℃±1℃)、恒、均质器及无菌均质袋(或均质杯、乳钵)、电位 pH 计(精确至 0.01pH)、显微镜(物镜:10×～100×)、罐头打孔器或容器开启器、厌氧培养箱(罐)。

【操作步骤】

图 9-1 所示为食品流通领域商业无菌检验程序,参照 GB 4789.26—2023。

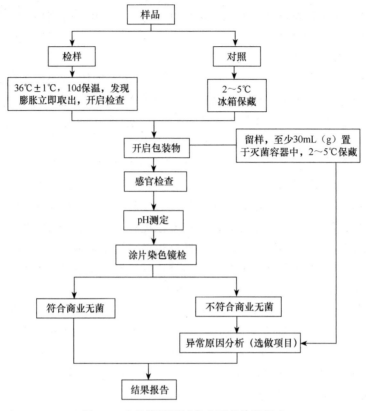

图9-1　食品流通领域商业无菌检验程序

1. 样品准备

抽取样品后，记录产品名称、编号，并在样品包装表面做好标记，应确保样品外观正常，无损伤、锈蚀（仅对金属容器）、泄漏、胀罐（袋、瓶、杯等）等明显的异常情况。

2. 保温

每个批次取1个样品置2～5℃冰箱保存作为对照，将其余样品在36℃±1℃下保温10d。保温过程中应每天定时检查，如有胀罐（袋、瓶、杯等）或泄漏现象，应立即开启检查。

3. 开启食品容器

（1）所有保温的样品，冷却到常温后，按无菌操作开启检验。

（2）保温过程中如有胀罐（袋、瓶、杯等）或泄漏现象，应立即剔出，严重膨胀样品先置于2～5℃冰箱内冷藏数小时后再开启检查。

（3）待测样品保温结束后，用温水或洗涤剂清洗待检样品的外表面。水冲洗后用无菌毛巾（布或纸）或消毒棉（含75%的乙醇溶液）擦干。用含4%碘的乙醇溶液浸泡（或

75%乙醇溶液）消毒外表面 30 min，再用灭菌毛巾擦干后开启，或在密闭罩内点燃至表面残余的碘乙醇溶液全部燃烧完后开启（膨胀样品及采用易燃包装材料容器的样品不能灼烧）。

（4）测试样品应按无菌操作要求开启。带汤汁的样品开启前应适当振摇。对于金属容器样品，使用无菌开罐器或罐头打孔器，在消毒后的罐头光滑面开启一个适当大小的口或者直接拉环开启，开罐时不得伤及卷边结构。每次开罐前，应保证开罐器处于无菌状态，防止交叉污染。对于软包装样品，可以使用灭菌剪刀开启，不得损坏接口处。

注意：严重胀罐（袋、瓶、杯等）样品可能会发生爆喷，喷出有毒物，可以采取在膨胀样品上盖一条无菌毛巾或者将一个无菌漏斗倒扣在样品上等预防措施来防止这类危险事故的发生。

4. 留样

开启后，用灭菌吸管或其他适当工具以无菌操作取出内容物至少 30mL（g）至灭菌容器内，保存于 2～5℃冰箱中，在需要时可用于进一步试验，待该批样品得出检验结论后可弃去。

5. 感官检查

在光线充足、空气清洁无异味的检验室中，将样品内容物倾入白色搪瓷盘或玻璃容器（适用于液体样品）内，对产品的组织、形态、色泽和气味等进行观察和嗅闻，含固形物样品应按压食品检查产品性状，鉴别食品有无腐败变质的迹象，同时观察包装容器内部的情况，并记录。

6. pH 测定及结果分析

1）测定
罐头食品应按照 GB5009.237 规定的方法测定。其他食品参照执行。
2）结果分析
与同批中冷藏保存的对照样品相比，比较是否有显著差异。pH 相差 0.5 及以上判为显著差异。

7. 涂片染色镜检

1）涂片
取样品内容物进行涂片。带汤汁的样品可用接种环挑取汤汁涂于载玻片上；固态食品可直接涂片或用少量灭菌生理盐水稀释后涂片，待干后用火焰固定；油脂性食品涂片后用火焰固定，然后用二甲苯等脱脂剂流洗，自然干燥。
2）染色镜检
对涂片用结晶紫染色液进行单染色，干燥后镜检，至少观察 5 个视野，记录菌体的形态特征以及每个视野的菌数。与同批冷藏保存对照样品相比，判断是否有明显的微生物增殖现象。菌数有百倍或百倍以上的增长则判为明显增殖。

8. 结果判定与报告

样品经保温试验未胀罐（袋、瓶、杯等）或未泄漏时，保温后开启，经感官检查、pH 测定、涂片镜检，确证无微生物增殖现象，则可报告该样品为商业无菌。

样品经保温试验未胀罐（袋、瓶、杯等）或未泄漏时，保温后开启，经感官检查、pH 测定、涂片镜检，确证有微生物增殖现象，则可报告该样品为非商业无菌。

样品经保温试验发生胀罐（袋、瓶、杯等）且感官异常或泄漏时，直接判定为非商业无菌；若需核查样品出现膨胀、pH 或感官异常、微生物增殖等原因，可取样品内容物的留样按照 GB 4789.26—2023 附录 B 进行接种培养并报告。

【总结】

将食品流通领域商业无菌检验结果填入表 9-1。

表 9-1　食品流通领域商业无菌检验结果

样品名称		样品编号			保温温度	
检验依据			检验日期			
保温情况						
罐头序号						
胀罐或漏罐情况						
内容物感官鉴定						
pH 值						
镜检						
结果报告						

思考与拓展

1. 思考

试述流通环节罐头食品商业无菌检验程序，怎样判定检验结果？

2. 拓展

对流通环节肉类罐头进行商业无菌检验。

主要参考文献

蔡静平，2018．粮油食品微生物学［M］．北京：科学出版社．

柴新义，2016．食品微生物学实验简明教程［M］．北京：化学工业出版社．

陈红霞，张冠卿，2019．食品微生物学及实验技术［M］．2版．北京：化学工业出版社．

陈江萍，2011．食品微生物检测实训教程［M］．杭州：浙江大学出版社．

贺稚非，霍乃蕊，2018．食品微生物学［M］．北京：科学出版社．

贾俊涛，2012．食品微生物检测工作指南［M］．北京：中国标准出版社．

李宝玉，2018．食品微生物检验技术［M］．北京：中国医药科技出版社．

李自刚，李大伟，2016．食品微生物检验技术［M］．北京：中国轻工业出版社．

刘慧，2019．现代食品微生物学［M］．2版．北京：中国轻工业出版社．

刘文玉，魏长庆，2015．食品微生物与检验技术［M］．南京：东南大学出版社．

罗红霞，王建，2018．食品微生物检验技术［M］．北京：中国轻工业出版社．

桑亚新，李秀婷，2017．食品微生物学［M］．北京：中国轻工业出版社．

王廷璞，王静，2014．食品微生物检验技术［M］．北京：化学工业出版社．

王远亮，2020．食品微生物学实验指导［M］．北京：中国轻工业出版社．

严晓玲，牛红云，2017．食品微生物检测技术［M］．北京：中国轻工业出版社．

杨玉红，2016．食品微生物检验技术［M］．武汉：武汉理工大学出版社．

周建新，焦凌霞，2020．食品微生物学检验［M］．2版．北京：化学工业出版社．